OMOKAGETV
森田勇人

Premiere Pro ではじめる

プレミア プロ

ビジネス動画 制作入門

日経BP

本書の前提

- 本書は2021年12月現在の情報をもとに、「Windows 10」に「Premiere Pro Beta v22.2」がインストールされているパソコンで、インターネットに接続されている環境を前提に紙面を制作しています。

- Macをご利用の方は、Windowsと操作が異なる箇所に代替操作を掲載しているので参考にしてください。

- 本書の発行後にPremiere Proの操作や画面が変更された場合、本書の掲載内容通りに操作できなくなる可能性があります。

- 本書の発行後に、本書で解説しているWebサイトが更新された場合、本書の掲載内容通りに操作できなくなる可能性があります。

- 本書発行後の変更にともなう代替操作については、弊社ホームページ (https://project.nikkeibp.co.jp/bnt/atcl/22/S70190/) にて可能な限りお知らせいたしますが、情報の即時掲載や確実な解決をお約束することはできかねます。

- 本書の運用によって生じる直接的または間接的な損害について、著者ならびに弊社では一切の責任を負いかねます。

- 本書に記載されている会社名、製品名、サービス名などは、一般に各開発メーカーおよびサービス提供元の登録商標または商標です。なお、本文中ではTM、® などのマークを省略しています。

─── サンプルファイルのダウンロード ───

本書で使用するサンプルファイルを、弊社ダウンロードページからダウンロードできます。ダウンロードしたファイル「Pr_Business.zip」は、任意の保存場所に展開してご利用ください。

▼ サンプルファイルのダウンロードページ
https://project.nikkeibp.co.jp/bnt/atcl/22/S70190/

※サンプルファイルは本書の学習の目的に限ってご使用ください。データの著作権は著者ならびに弊社に帰属し、再配布は固く禁じます。

※一部のレッスンでは、ページURLより素材ファイルをダウンロードして操作してください。Premiere Proには、新しく動画素材を読み込んでご利用ください。利用条件は、各サイトの規約に準じます。

はじめに

「動画元年！」と言われてから数年が経ち、さまざまな動画プラットフォームが飛躍し、ついには「1億総YouTuber」という言葉を耳にするほど、私たちのまわりでは「動画」が当たり前になりました。

　いまや動画編集は一部の限られた人のスキルではなくなっています。
「未経験だけど動画制作をはじめたい！」「突然上司から動画を作ってほしいと言われた！」など、動画制作をはじめる動機はさまざまかと思いますが、本書ではAdobe Premiere Pro を使ってゼロから動画編集に挑戦する方に向けて、技術的なノウハウを体系的に習得できるようにわかりやすく解説しています。

　Premiere Proの最新UIに対応し、1日で分かる基本操作、効率的なカット編集、可読性の高いテロップ作成、現場でよく使われているエフェクトやクリエイティブスキル、さらにVR動画編集入門から最新機能である自動文字起こし機能まで、だれでも実践できて、ちょっと自慢できるテクニックを豊富に用意しています。

　私が現場で培ってきた経験を元に、再現性の高い技術をまとめております。

　ビジネスにおいては、動画を使ったマーケティングが主流になりつつあります。世界中に発信できるネット環境があり、動画の活用はブランディングにも大きな力を発揮します。

　「動画が作れる」ということは、いまや強力な武器となります。

　この先、次世代のデバイスやプラットフォームに移り変わっても、動画編集スキルは変わらず活かせるでしょう。

　本書を通して「動画」があなたの力になることを心より願っています。

　動画編集をはじめるすべての方へ捧げます。クリエイティブを楽しみましょう！

2021年12月　森田勇人

本書の読み方

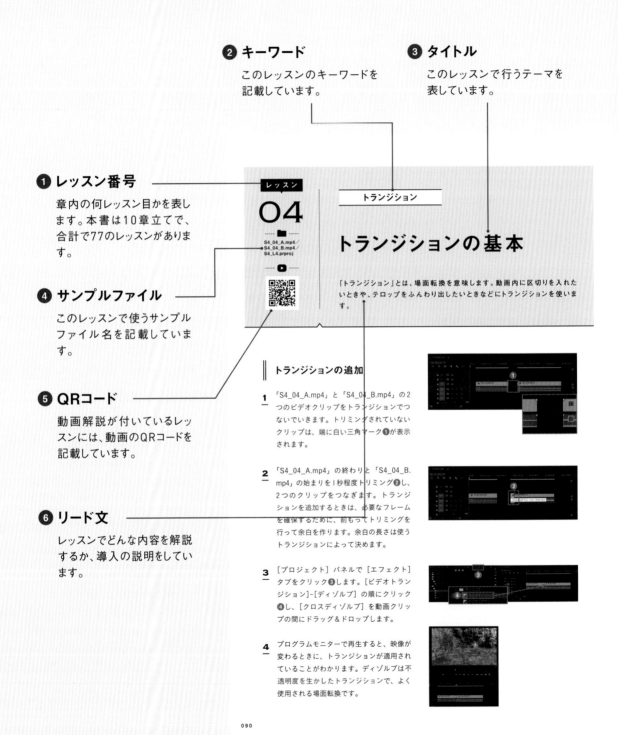

②キーワード
このレッスンのキーワードを
記載しています。

③タイトル
このレッスンで行うテーマを
表しています。

①レッスン番号
章内の何レッスン目かを表します。本書は10章立てで、合計で77のレッスンがあります。

④サンプルファイル
このレッスンで使うサンプルファイル名を記載しています。

⑤QRコード
動画解説が付いているレッスンには、動画のQRコードを記載しています。

⑥リード文
レッスンでどんな内容を解説するか、導入の説明をしています。

レッスン
04

S4_04_A.mp4／
S4_04_B.mp4／
S4_L4.prproj

トランジション

トランジションの基本

「トランジション」とは、場面転換を意味します。動画内に区切りを入れたいときや、テロップをふんわり出したいときなどにトランジションを使います。

‖ トランジションの追加

1 「S4_04_A.mp4」と「S4_04_B.mp4」の2つのビデオクリップをトランジションでつないでいきます。トリミングされていないクリップは、端に白い三角マーク❶が表示されます。

2 「S4_04_A.mp4」の終わりと「S4_04_B.mp4」の始まりを1秒程度トリミング❷し、2つのクリップをつなぎます。トランジションを追加するときは、必要なフレームを確保するために、前もってトリミングを行って余白を作ります。余白の長さは使うトランジションによって決めます。

3 [プロジェクト] パネルで [エフェクト] タブをクリック❸します。[ビデオトランジション]-[ディゾルブ] の順にクリック❹し、[クロスディゾルブ] を動画クリップの間にドラッグ＆ドロップします。

4 プログラムモニターで再生すると、映像が変わるときに、トランジションが適用されていることがわかります。ディゾルブは不透明度を生かしたトランジションで、よく使用される場面転換です。

090

❼ 手順見出し

これから行う操作手順を要約
した見出しです。

❽ 解説文

操作手順の解説文です。文
中の番号は画面写真上の
番号と対応しています。な
お、特にツールの指定がな
い場合は、選択ツールで操
作を行ってください。

‖ **トランジションの調整**

1 クリップに適用したトランジションの端を
ドラッグ❶して伸ばすと、トランジション
の時間が左右均等に伸びます。

❾ ツメ

現在の章番号と章タイトル
が記載されたツメです。

2 Shift キーを押しながらクリップの端をド
ラッグ❷して伸ばすと、トランジションの
時間が左右片方に伸びます。

❿ 画面写真

操作手順の画面写真です。
画面上の番号は、解説文中
の番号と対応しています。

3 トランジション自体をドラッグ❸すると、
トランジションの位置が変わります。

ポイント

トランジションを削除したいときは、タイ
ムラインでクリックして選択し、 Delete
キーを押します。

⓫ ポイント

特にポイントとなる事柄を解
説しています。

テクニック

‖ **ビデオクリップ以外にも適用できる**

ここではビデオクリップを例に取りましたが、
トランジションはほぼすべてのクリップに適用
できます。例えばグラフィッククリップにディ
ゾルブを適用❶して、テロップをゆっくり表示
させる、といった使い方も便利です。

⓬ テクニック

本筋の解説で行っているこ
との派生や応用の操作や、
知っておくとより理解が深ま
る知識を解説しています。

CONTENTS

本書の前提	002
はじめに	003
本書の読み方	004

第1章 | Premiere Proと動画制作の強み　011

レッスン1	動画のビジネス活用 ▶ ビジネスと動画	012
レッスン2	なぜPremiere Proなのか ▶ Premiere Proの特徴	014
レッスン3	動画の制作に必要な環境 ▶ 動作環境	016
レッスン4	画質とフレームレート ▶ 画質の基礎知識	018
レッスン5	動画編集の大まかな流れ ▶ 動画編集の工程	020

▶ コラム　024

第2章 | 動画編集に必要な準備と基礎知識　025

レッスン1	データの保存場所を準備しよう ▶ 保存場所の確保	026
レッスン2	Premiere Proをインストールしよう ▶ Premiere Proのインストール	027
レッスン3	サンプルファイルを利用するには ▶ サンプルファイル	029
レッスン4	Premiere Proを起動しよう ▶ Premiere Proの起動と終了	030
レッスン5	新規プロジェクトを作成しよう ▶ プロジェクト作成	031
レッスン6	Premiere Proの画面を確認しよう ▶ 画面構成	035
レッスン7	プログラムモニターを確認しよう ▶ プログラムモニター	038
レッスン8	ショートカットキーによる再生操作を知ろう ▶ ショートカットキーによる再生	040
レッスン9	キャッシュの保存先を決めよう ▶ キャッシュの保存	041

▶ コラム　042

第 3 章 ｜ 基本操作と便利な編集ツール　　043

レッスン1	メディアファイルと[プロジェクト]パネルの基本 ▶ メディアファイル	044
レッスン2	タイムラインの画面構成 ▶ タイムラインの構成	050
レッスン3	クリップの基本操作 ▶ クリップの基本	052
レッスン4	クリップの配置方法 ▶ クリップの配置	054
レッスン5	[ソースモニター]パネルの使い方 ▶ [ソースモニター]パネル	058
レッスン6	[ツール]パネルの使い方 ▶ ツール	060

▶ コラム　　068

第 4 章 ｜ 1日でできる動画編集の基本　　069

レッスン1	カット編集の基本 ▶ カット編集	070
レッスン2	テロップ作成の基本 ▶ テロップ編集	077
レッスン3	エフェクトの基本 ▶ エフェクト	087
レッスン4	トランジションの基本 ▶ トランジション	090
レッスン5	オーディオの基本 ▶ オーディオ	092
レッスン6	レンダリングの基本 ▶ レンダリング	094
レッスン7	書き出しの基本 ▶ クイック書き出し	096
レッスン8	シーン別の書き出し方法を知ろう ▶ 書き出しモード	097

▶ コラム　　102

第 5 章 ｜ さらに役立つ動画編集の実践　　103

| レッスン1 | 可読性の高い字幕テロップを作ろう ▶ 字幕テロップ | 104 |
| レッスン2 | グラデーションを使ったテレビ風テロップを作ろう ▶ テレビ風テロップ | 106 |

レッスン3	オリジナルテロップの保存とテロップ一括変更　▷ テロップの保存	111
レッスン4	図形を使ったタイトルデザインを作ろう　▷ 図形付きタイトル	115
レッスン5	[自動補正]を使ったかんたんカラー補正　▷ カラー補正	119
レッスン6	Lumetriスコープを使った手動カラー補正　▷ Lumetriスコープ	120
レッスン7	カラーグレーディングで映像の雰囲気を変えよう　▷ カラーグレーディング	123

▶ **コラム** ⋯⋯ 126

第 **6** 章 ｜ 動画の質を高めるアニメーション　127

レッスン1	キーフレームアニメーションの基本　▷ アニメーションの基本	128
レッスン2	クオリティを高める補間法の基本　▷ 補間法の基本	135
レッスン3	時間補間法の種類を知ろう　▷ 時間補間法	136
レッスン4	空間補間法の種類を知ろう　▷ 空間補間法	142
レッスン5	モーションブラーで動きをリアルにしよう　▷ モーションブラー	144
レッスン6	アニメーションにイントロ・アウトロを設定しよう　▷ イントロ・アウトロ設定	146
レッスン7	レスポンシブデザインを使ったアニメーションを作ろう　▷ レスポンシブデザイン	148
レッスン8	ポップアップアニメーションのテンプレートを作ろう　▷ テンプレート作成	153
レッスン9	モーショングラフィックステンプレートを利用しよう　▷ テンプレートのダウンロード	159

▶ **コラム** ⋯⋯ 162

第 **7** 章 ｜ よく使われる厳選エフェクト　163

レッスン1	モザイクをかけて自動追従させよう　▷ モザイク	164
レッスン2	ワープスタビライザーで手ブレを抑えよう　▷ ワープスタビライザー	170
レッスン3	クロップで画面をトリミングしよう　▷ クロップ	173

レッスン4	動画を水平や垂直に反転させよう　水平反転・垂直反転	179
レッスン5	Ultraキーでクロマキー合成に挑戦しよう　Ultraキー	181
レッスン6	トラックマットキーで文字と動画を合成しよう　トラックマットキー	188
レッスン7	エッセンシャルグラフィックスで文字と動画を合成しよう ▶ エッセンシャルグラフィックスによる合成	192
レッスン8	基本3Dで動画素材を立体的に見せよう　基本3D	198
レッスン9	映像をモノクロにしよう　モノクロ	200

▶ **コラム** ⋯⋯⋯⋯ 204

第 **8** 章 ｜ クリエイティブな映像表現スキル　205

レッスン1	ピクチャーインピクチャーを作ろう　ピクチャーインピクチャー	206
レッスン2	ストップフレームで映像を一時停止しよう　ストップフレーム	214
レッスン3	動画の逆再生と速度変更　速度・デュレーション	217
レッスン4	タイムリマップでファスト&スロー編集をしよう　タイムリマップ	221
レッスン5	音声のノイズ除去とバランス調整をしよう　エッセンシャルサウンド	226
レッスン6	Adobe Stockオーディオを利用しよう　Adobe Stockオーディオ	232
レッスン7	Premiere Composerプラグインを利用しよう　プラグイン	236
レッスン8	VR動画にテキストクリップを追加しよう　VR動画のテキストクリップ	244
レッスン9	VR動画に別の動画を表示しよう　VR動画のワイプ	254
レッスン10	VR専用のトランジションを追加しよう　VR動画のトランジション	259
レッスン11	VR動画を書き出そう　VR動画の書き出し	262

▶ **コラム** ⋯⋯⋯⋯ 264

第 **9** 章 | 動画制作内製化に役立つテクニック 265

レッスン1	色味の異なる映像を自動で合わせよう ▶ カラーマッチ	266
レッスン2	同時撮影した素材をまとめて編集しよう ▶ マルチカメラ編集	269
レッスン3	自動で画角をSNSに最適化しよう ▶ オートリフレーム	278
レッスン4	4K動画の編集を軽くしよう ▶ プロキシ作成	285
レッスン5	BGMと音声のバランスを自動調整しよう ▶ オーディオダッキング	290
レッスン6	面倒な文字起こしを自動化しよう ▶ 自動文字起こし	294

▶ コラム 304

第 **10** 章 | いざというときのトラブル対策 305

レッスン1	動画素材がタイムラインにドラッグできない！ ▶ ソースパッチ	306
レッスン2	Premiere Proのショートカットキーがわからない！ ▶ ショートカットキーの確認	308
レッスン3	ワークスペースの表示がおかしい! ▶ ワークスペースのリセット	310
レッスン4	映像が表示されず、モニターが赤くなった！ ▶ メディアをリンク	312
レッスン5	波形が表示されず、音が出ない! ▶ メディアキャッシュの削除	314
レッスン6	動作が重たくなった! ▶ キャッシュの手動削除	315
レッスン7	動作がおかしくなった! ▶ 環境設定ファイルの再作成	316

| 索引 318 |
| 奥付 320 |

第 **1** 章

Premiere Proと
動画制作の強み

動画制作の意義とPremiere Proの特徴をお伝えします。
また動画の基礎知識を押さえ、制作の流れについてみていき
ます。

1　動画のビジネス活用 ——————————— 012

2　なぜPremiere Proなのか ——————————— 014

3　動画の制作に必要な環境 ——————————— 016

4　画質とフレームレート ——————————— 018

5　動画編集の大まかな流れ ——————————— 020

ビジネスと動画

動画のビジネス活用

ビジネスにおける動画の活用、動画の強み、企業の動画制作内製化の背景をお伝えしていきます。

ビジネス用途で活用される動画

「企業VP」とは、企業が商品の販売促進やPR、事業計画推進など、特定の目的のために制作する映像のことをいいます。こうした映像を用いて、自社のサービスや商品をYouTubeなどの動画SNSで宣伝することは、いまや当たり前になりました。とりわけ、マーケティングにおいて重要視される「Z世代」と呼ばれる現在11歳〜25歳程度の層は動画との関わりが深く、YouTubeで情報収集をしたり、TikTokなどの短尺動画でコミュニケーションを取ったり、といったことを日常的に行っています。動画による宣伝は、今後ますます重要になるものと考えられます。宣伝以外の分野でも、社内研修や採用活動など、ビジネスにおけるさまざまな用途で動画が活用されます。あるときはセールスマン、あるときは研修講師、またあるときはリクルーターとして、動画は24時間365日働いて、あなたのビジネスに貢献してくれます。作るのは一見難しく思えるかもしれませんが、この本を読み進めていただければ、意外とそうでもないことがお分かりいただけることでしょう。

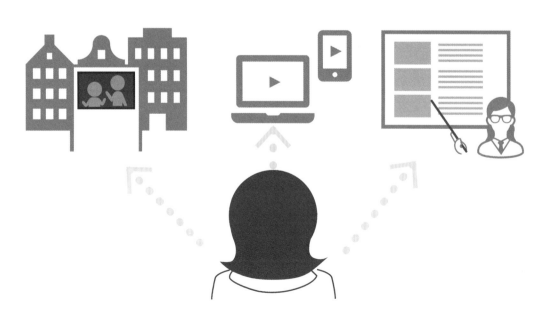

動画の強み

テキスト情報に比べて、動画は「好感度5倍」「購買率2倍」と言われます。また、1分間の動画には、Webページにして3600ページ分の情報量があるとも言われます。動画は映像と音声、文字を一度に発信できるため、情報を効率的に伝えられるのです。これまではTV番組のスポンサーになって、莫大な広告費をかけてCMを発信するくらいしか動画を利用する選択肢がありませんでしたが、インターネット動画の台頭によって、**低予算でも簡単に動画を発信できる時代**になりました。中小企業や個人でも、動画が持つ力を享受できる今、これを活用しない手はないのではないでしょうか。

動く映像

セリフ

abc
あいう
キャプション

BGM

内製する企業の増加

最近では、**企業が動画制作を内製化する傾向**が強まっています。背景には、ツールの進歩によって**動画制作が簡易化している**ことがあります。外注コストを抑えて動画を量産するために、内製を選択するのです。もちろん、ハイレベルな動画はこれからもプロに外注することがブランディングにつながることでしょう。しかし、簡易的な動画であれば、内製でも十分まかなえます。今後はそうした傾向がますます強まるものと考えられます。

Premiere Proの特徴

なぜPremiere Pro なのか

昨今話題の映画の制作にも、Adobe Premiere Proが使われています。時代に合わせた機能を備え、動画編集を劇的に効率化できる機能があり、クオリティの高い動画を簡単に制作できるからです。

オールラウンドな動画編集ソフト

Adobe Premiere Pro(以下Premiere Pro)は、アドビが提供する動画編集ソフトです。カット編集からテロップ編集、エフェクト、トランジション、音声BGM編集など、一連の作業を一気通貫で行えます。はじめはコツが必要ですが、慣れると動画制作が楽しくなるでしょう。WindowsとMacに対応しており、両ユーザーに広く利用されています。また、プロの現場でも利用されており、スキル需要が高い動画編集ソフトです。

動画制作にまつわる作業を一気通貫で行える

なぜPremiere Proを選ぶのか

Premiere Pro には After Effects や Illustrator など、アドビのほかのクリエイティブアプリケーションと連携できる強みがあります。また、人工知能「Adobe Sensei」が搭載されたことにより、これまで手作業で行っていた面倒な作業が自動化されるなど、日々進化を続けています。これから動画制作を始める方は、Premiere Pro を選んでおけば、まず間違いはないでしょう。

アドビのほかのアプリとシームレスに連携する

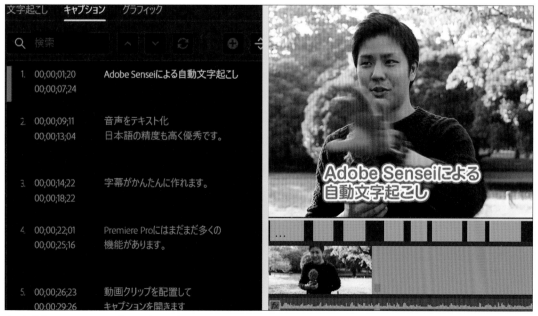

人工知能「Adobe Sensei」の力で、面倒な文字起こしも自動化できる

動画の制作に必要な環境

最近ではスマートフォンでも手軽に動画制作ができるようになってきましたが、Premiere Proを使用する場合はパソコン及び周辺機器などの環境を整えることも大切です。そのぶん、ビジネス用途にたえるクオリティの動画が制作できます。

WindowsでもMacでも制作できる

Premiere ProにはWindows版とMac版があります。動画編集をするパソコンはどちらでも問題ありません。Apple製品独自の使いやすさとデザイン性で選ぶのであればMac、ユーザー数の多さやカスタム性を選ぶならWindowsなど、それぞれに特徴があります。純粋な処理速度で計るなら、CPUやGPUの選択肢が多いWindowsに軍配が上がります。ちなみに私はメイン機にデスクトップWindows、サブ機にMacBook Proを使用しています。Adobe公式ページから推奨スペックを確認できます。

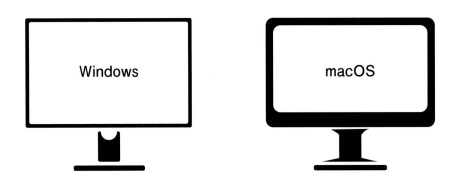

制作に必要な環境

OSで決めるよりはスペックを重視して、最終的に好みのパソコンを選ぶといいでしょう。とりわけCPU性能は一番重要です。予算の許す限り上位のCPUを選び、メモリーは16GB以上あるものを選びましょう。Macの場合、MIチップ入りのパソコンがおすすめです。またグラフィックボード（GPU）は、書き出しや処理速度に影響があるため、できれば内蔵GPUではなく外部GPU（NVIDIA製など）がおすすめです。

Windowsの場合

	最小仕様	推奨仕様
プロセッサー	Intel第6世代以降のCPUまたはAMDRyzen1000シリーズ以降のCPU	Intel®第7世代以降のCPU、またはAMDRyzen3000シリーズ以降のCPU
OS	MicrosoftWindows10(64ビット)日本語版バージョン2004以降	MicrosoftWindows10(64ビット)日本語版バージョン2004以降
RAM	8GBのRAM	HDメディアの場合は16GBのRAM 4Kメディア以上の場合は32GB
GPU	2GBのGPUVRAM	4GBのGPUVRAM
ストレージ	8GB以上の空き容量のあるハードディスク メディア用に追加の高速ドライブ	アプリのインストールおよびキャッシュ用に内蔵高速SSD メディア用に追加の高速ドライブ
画面解像度	1,280x800	1,920x1,080以上
サウンドカード	ASIO互換またはMicrosoft WindowsDriverModel	ASIO互換またはMicrosoft WindowsDriverModel

Macの場合

	最小仕様	推奨仕様
プロセッサー	Intel第6世代以降のCPU	Intel第6世代以降のCPU
OS	macOSv10.15(Catalina)以降	macOSv10.15(Catalina)以降
RAM	8GBのRAM	HDメディアの場合は16GBのRAM 4Kメディア以上の場合は32GB
GPU	2GBのGPUVRAM	4GBのGPUVRAM
ストレージ	8GB以上の空き容量のあるハードディスク メディア用に追加の高速ドライブ	アプリのインストールおよびキャッシュ用に内蔵高速SSD メディア用に追加の高速ドライブ
画面解像度	1,280x800	1,920x1,080以上

画質の基礎知識

画質とフレームレート

動画制作を始めるにあたって、きちんと理解しておきたいのが画質とフレームレートです。基本的な部分から、具体的な数値と例もあわせて、わかりやすくお伝えしていきます。

画質の違いは何で決まるのか

解像度にはさまざまな種類があります。代表的なものは、「1280×720（HD）」、「1920×1080（FHD）」、「3840×2160（4KUHD）」、「7680×4320（8KUHD）」などです。高解像度であるほど映像はキレイになりますが、高画質だからいいというわけではありません。例えば、動画の解像度が4Kでも、表示するディスプレイがフルHDの場合、4Kの解像度で表示されません。また、4K以上の動画はデータ容量が膨大になり、Premiere Proでの編集も相応のスペックでないと、動作が不安定になります。このように、配信する媒体や編集環境に応じて、扱う解像度は考慮しなくてはいけません。いずれは4K動画編集も当たり前になるでしょうが、**現時点ではフルHD画質で十分**です。最も動作が安定しており高画質な動画で記録ができ、編集も行いやすいです。

画面サイズ比較

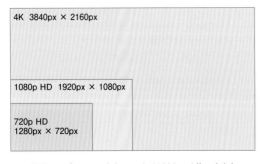

4Kの画面サイズは、ハイビジョンである1080pの2倍の大きさ

フレームレート

フレームレートとは、1秒間に表示するコマ数のことをいいます。「1080p 30fps」は「1920×1080（フルHD画質）30フレームレート」ということになります。動画は、パラパラ漫画のように、1枚1枚の静止画が連続で高速描画されることで、動いているように見えます。そして、**フレームレート数が高いほど、映像がなめらかになります**。一般的なフレームレートの扱いは、監視カメラで5～10fps、映画館で24fps、テレビ放送で30fps、YouTubeなどのWeb動画やSNSアプリでは30～60fpsが使われることが多いです。ちなみに人間の目は、240fpsまで認識できます。動画編集のフレームレートは、人間がストレスなく自然に見られる24～30fpsがおすすめです。迷った場合は「1080p 30fps」で撮影し、編集するようにしましょう。

●フレームレートと用途

fps	用途
30	TVなどで使われる標準的なレート
60	動きの激しい動画に適したレート
120	スローモーションなどに適したレート

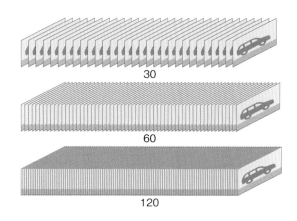

映像の容量

映像の容量は、解像度とフレームレートで計算されます。1080p 30fpsと1080p 60fpsでは後者のほうが容量が大きくなります。動画時間にもよりますが、4K 60fpsの場合、ひとつの動画データだけで数GBを軽く超えていきます。解像度とフレームレート数が高いとそのぶん、データ容量も増えパソコンへの負荷も大きくなるため、パソコンスペックに自信がない場合は、4K動画や高フレームレート素材を扱う際は注意しましょう。

動画編集の工程

動画編集の大まかな流れ

個人、企業など動画制作の目的や場面、制作方法は多岐に渡りますが、編集においては基本的な流れというものが存在します。私が効率的と考える、最も一般的な編集フローをお伝えします。

主な作業工程

動画制作はYouTubeやTikTokのように、個人で行うこともあれば、動画広告や企業動画など多くの人が関わって行うこともあり、その目的はさまざまです。企画構成からはじまり、撮影や素材制作、動画編集、マーケティングなど、検討すべきことが多くあり、進め方はケースバイケースです。しかし、こと動画編集においては、基本的な流れというものがあり、「イメージ作り」「データの読み込み」「カット編集」「効果の付与」「タイトルやテロップの追加」といった工程に大別できます。ここでは、各工程で行うべきことの概要について説明していきます。

```
イメージ作り
    ↓
データの読み込み
    ↓
カット編集
    ↓
効果の付与
    ↓
タイトルやテロップの追加
    ↓
書き出し
```

動画編集には基本的な流れがある

作品のイメージ作り

企画と構成を考え、制作したい動画の内容を固めます。企画では、動画の目的を決めます。専門の制作会社であれば、制作に必要な人材やリソースを確保し、予算の振り分けなど、全体の進行を担うプロデューサーがいます。動画の構成では、企画を形にするべく、イメージを確認また共有できるように絵コンテを作成したり、必要な素材を決めたりします。専門の制作会社であれば、環境をすべて把握し、制作指揮を行うディレクターがいます。絵コンテに決まりはありませんが、どんな映像にしたいか、どんな文言を入れたいかを文字やイラスト、写真で表して、できるだけ具体的に動画の内容を共有できるようにするといいでしょう。

動画素材データの読み込み

撮影素材など編集に必要なデータをすべてパソコンに移します。編集用のフォルダーを作成し、すべての素材をまとめておきましょう。可能な限り空き容量が多く、読み込みが速いハードディスクに保存しておくといいでしょう。編集に必要な動画素材がそろったら、いよいよPremiere Proでの作業です。Premiere Proに動画素材を読み込ませて、シーケンスを作成し、編集ができる状態にします。

動画

画像

BGM

カット編集

動画素材を順番にタイムラインに並べて、不要な箇所をカットしたり、動画の長さを調整するなど、**作品の全体像を作っていきます**。カット編集では、映像や音声の波形を見てタイミングを図っていきます。素材のクオリティが高いと編集するモチベーションが上がったりします。

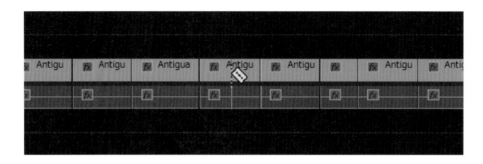

効果の付与

エフェクトを追加して演出を加えたり、トランジションで**場面転換を行ったりします**。必要に応じてオープニングやエンディング動画も作成します。Premiere Proには、モーショングラフィックステンプレートがあり、アニメーションやエフェクトが元から作成されているテンプレートを使って編集ができます。より高度な編集になると、一部のシーンをAfter Effectsで作ることもあります。

タイトルやテロップの追加

字幕テロップやタイトルといった文字要素を追加していきます。エッセンシャルグラフィックスというテロップ編集専用の機能を使います。柔らかい印象を与えたい場合は丸ゴフォント、スタイリッシュな印象を与えたい場合はゴシック体など、**動画のイメージによって採用するフォントを選びましょう。可読性が何より重要なので、**くっきりはっきりとしたフォントデザインを意識して、テロップの追加を行っていきます。また「Adobe Sensei」による音声テキスト変換、いわゆる自動文字起こしの機能も活用できます。

書き出し

編集が完了したら、任意の形式で再生できるように、動画を書き出します。書き出しの際に気をつけるべきことは、**使用した素材の形式と、動画の用途に適した書き出し方法を選択する**ことです。本書ではYouTubeに適したものや、映像制作の納品によく使われるものなど、いくつかの用途の書き出し方法について解説しています。用途に合わせて画角を変更したい場合は、書き出す前に［オートリフレーム］というエフェクトを適用します。書き出しが終わったら、動画の完成です。

覚えておきたい編集用語

よく使う代表的な編集用語をまとめて紹介します。

●代表的な用語

用語	意味
クリップ	タイムラインに配置した動画ファイルのことを言います。動画、画像だけでなく、テロップや図形などもすべてクリップと呼びます。
編集点	クリップとクリップの境目のことを言います。また撮影時にわざと大きな音を入れたり、演技をしたりして、編集のタイミングを作ることも「編集点」と呼ぶことがあります。2つの意味合いがある言葉ですが、本書では主に前者の意味で用います。
ジャンプカット	「えー、あー」などの不必要な発話箇所をカットし、動画のテンポをよくする編集方法のことです。編集していることがあからさまなため、テレビ番組などではあまり使われませんが、目的が異なる映像演出や、商品紹介などをするYouTubeなどではよく見かける編集手法です。
オフライン編集	カットつなぎや動画の長さ調整など、動画データをまとめる作業のことを言います。粗編集とも呼びます。
オンライン編集	カットつなぎされた動画に対して、テロップ入れやカラー補正、エフェクト追加など、作品として動画全体を仕上げる作業のことを言います。本編集とも呼びます。
白完	タイトルや字幕などすべて非表示にして、映像のみを残した動画データを「白完（シロカン）」と言います。これに対して、完成された納品データを「完パケ」と言います。

ほかにも多くの用語がありますが、動画制作を続けていくうちに、気づいたら業界人のように編集用語を使う日がくるかもしれません。

第 **2** 章

動画編集に必要な
準備と基礎知識

動画編集をはじめる前に知っておくべき知識やPremiere
Proの画面構成などをお伝えしていきます。

1 データの保存場所を準備しよう —————— 026

2 Premiere Proをインストールしよう —————— 027

3 サンプルファイルを利用するには —————— 029

4 Premiere Proを起動しよう —————— 030

5 新規プロジェクトを作成しよう —————— 031

6 Premiere Proの画面を確認しよう —————— 035

7 プログラムモニターを確認しよう —————— 038

8 ショートカットキーによる再生操作を知ろう —— 040

9 キャッシュの保存先を決めよう —————— 041

保存場所の確保

データの保存場所を
準備しよう

動画編集を行っていく上で重要なことは、動画素材などのメディアデータの管理です。また、キャッシュ（一時保存データ）も多く作られるため、外付けハードディスクなどを編集用に用意するといいでしょう。

外付けハードディスクを用意する

本書では必須ではありませんが、本格的に動画編集を行う際は、ローカルディスクといったメインの記憶領域には、プロジェクトデータや動画素材を置かないようにするといいでしょう。編集用の外付けハードディスクまたはSSDを用意し、動画に必要なデータをまとめておくのがおすすめです。

●外付けハードディスクの例

アイ・オー・データ
EX-HDCZシリーズ

●外付けSSDの例

バッファロー
SSD-PG1.0U3-BC

データ保存用フォルダーを用意する

ひとつのプロジェクトにひとつのフォルダー、といった形で、あらかじめ編集用のフォルダーを作成します。作成したフォルダーの中に、編集に必要な素材をすべて入れておきましょう。また動画編集では、キャッシュ（一時保存データ）が生成されます。記憶領域の容量の圧迫にもつながるので、可能であれば、キャッシュも外付けハードディスクまたはSSDに保存しましょう。キャッシュの保存先を変更する方法はレッスン9でご説明します。

レッスン

O2

Premiere Proのインストール

Premiere Proを
インストールしよう

Adobe Creative Cloudを使ってPremiere Proをインストールする手順を解説します。インストーラーをダウンロードする必要があるので、あらかじめパソコンをインターネットに接続してから操作を行いましょう。

Premiere Proを
インストールする

1 まず、以下のURLにアクセスし、［ダウンロード］をクリック❶しましょう。Adobeアカウントへログイン（持っていない方は新規作成後）し、Adobe Creative Cloudのインストーラーをダウンロードします。

● Adobe Cleative CloudのURL
https://www.adobe.com/jp/creativecloud/desktop-app.html

2 Adobe Creative Cloudがインストールされると、Windowsの場合、通知領域のインジケーター表示タブにアイコンが表示されるので、クリック❷しましょう。

3 Premiere Proの［インストール］をクリック❸すると、インストールが進行します。本書では「Premiere Pro Beta v22」を使用します。

ポイント

Adobe Creative Cloudは、Adobeソフトのインストール、アンインストール、アップデートを一元管理できます。Adobe製品は頻繁にアップデートが行われるので、定期的に確認すると良いでしょう。

Premiere Pro ベータ版のインストール手順

Adobe Creative Cloudから［ベータ版アプリケーション］を選択❶します。アプリ一覧から［Premiere Pro（Beta）］をインストール❷できます。また、［…］❸から以前のバージョンをインストールすることもできます。製品版とBeta版では、UIや新機能の有無の違いはありますが、基本的な編集手順は同じです。本書では2021年12月時点で公開されている「Premiere Pro Beta v22」（新UI）を使用します。Beta版はCreative Cloudコンプリートプランでのみ利用できます。

Adobe Creative Cloudのプラン

Adobe Creative Cloud の製品版を契約するとき、Premiere ProだけでなくPhotoshopやIllustrator、After Effectsなども利用する予定がある方は、すべてのソフトが使い放題の「Creative Cloudコンプリートプラン」（年間72,336円）がおすすめです。Premiere Pro以外のソフトを利用する予定がない方は、「単体プラン」（年間28,776円）を利用するといいでしょう。本書で使用している「Premiere Pro Beta」はCreative Cloudコンプリートプランでのみ使用可能です。

Adobe Creative Cloudのプラン比較表

プラン	対応ソフト	年間価格
フォトプラン	Photoshop／Lightroom／Lightroom Classic	12,936円
単体プラン	Premiere Pro	28,776円
コンプリートプラン	Photoshop／Illustrator／InDesign／Acrobat DC／Premiere Pro／After Effects　など、20以上のアプリ	72,336円

サンプルファイル

レッスン 03

サンプルファイルを利用するには

本書ではサンプルファイルで操作を試しながら読み進められます。ここでは、プロジェクトの開き方をご案内します。なお、動画素材は手持ちのものを使ってもOKです。その場合、設定数値は素材に合わせて適宜調整してください。

サンプルデータの使い方

2ページに記載されているURLから、サンプルデータ（Pr_Business.zip）をダウンロードしてください。

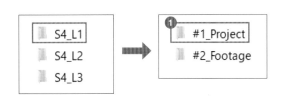

1 Zipファイルを解凍後、各章のレッスンフォルダーから「#1_Project」を開きます❶。

2 ［レッスン番号.prproj］をダブルクリック❷すると、Premiere Proが起動します。

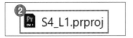

3 もし［次のクリップのメディアがありません］と表示されたら［検索］❸をクリックし、同レッスンフォルダーの［#2_Footage］から動画データを再リンクします。詳しい手順は第10章レッスン4をご覧ください。

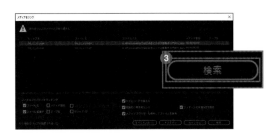

4 サンプルファイルをご利用になる際は、練習用シーケンス❹を使って本書を進めてください。レッスンによって完成シーケンスも用意しているので、参考にしてください。

※一部のレッスンではAdobe Fontsからフォントをインストールしています。同じフォントをインストールするか、Adobe Fontsを契約していない場合は、似た形のほかのフォントをご利用ください。

Premiere Proの起動と終了

Premiere Proを
起動しよう

Premiere Proの起動と終了の手順を解説します。WindowsでもMac
でも、基本的には同じ要領で起動できます。ここではWindowsの画面で
説明していきます。

Premiere Proを起動する

1 デスクトップを表示して、［スタート］ボ
タンをクリック❶します。アプリの一覧か
ら［Adobe Premiere Pro］をクリック❷し
ます。
macOSでは、LaunchpadまたはCreative
Cloudアプリから［Premiere Pro］を起動
できます。

2 起動するとホーム画面が表示されます。各
画面はバージョンごとに異なります。
［Premiere Proをさらに活用する］が表示
されたら、右上の白い［×］❸をクリック
して画面を閉じます。

Premiere Proを終了する

1 ［ファイル］❶の［終了］❷をクリックし
ます。

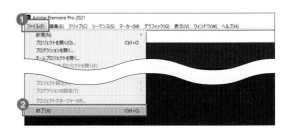

2 ［閉じる前に変更内容を「シーケンス
名.prproj」に保存しますか？］と表示され
たら、編集を保存したい場合は［はい］を
クリック❸しましょう。

プロジェクト作成

新規プロジェクトを作成しよう

「プロジェクト」とは、Premiere Proでの動画編集時に使用するファイルで、動画やテロップ、エフェクトなど、すべての編集データがまとまったものです。ここでは、新規プロジェクトを作成して、動画素材を読み込む方法を見ていきましょう。

プロジェクトとは

すべての動画の編集データがまとまっているデータです。ひとつのプロジェクトで複数の動画を作ることもできますが、動作が重くなるため、はじめのうちはひとつのプロジェクトで一本の動画を作るといいでしょう。Premiere Proのプロジェクトデータの拡張子は、「プロジェクト名.prproj」となります。保存しているプロジェクトファイルを開くことで編集を再開できます。

プレミアプロ.prproj

新規プロジェクトを作る

1 [新規プロジェクト]をクリック❶します。2021年現在、Premiere Pro製品版とベータ版では、次の画面が異なり、ベータ版は新しいUIの画面が表示されます。

2 [読み込み]モード画面が開きます。プロジェクト名を入力します。ここでは「プレミアプロ」❷と入力します。

3 プロジェクトの保存先をクリック❸し、[場所を選択]をクリック❹します。

4 プロジェクトの保存先となるフォルダーを
選択します。プロジェクトはデスクトップ
やローカルディスクにも保存できますが、
外付けハードディスクなど、空き容量に余
裕がある場所を選びましょう。保存先をク
リック❺した後、[新しいフォルダー]を
クリック❻して、フォルダー名を「プロ
ジェクト保存」と入力❼し、[フォルダー
の選択]をクリック❽します。

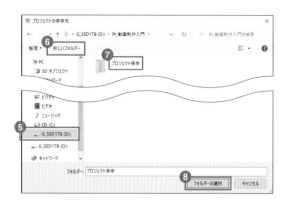

動画素材を選択する

1 読み込む動画を選択します。ここでは、サ
ンプルメディアから3つの動画をクリック
❶して選択します。選択した順番に動画が
配置されます。

2 [シーケンスを新規作成する]が有効であ
ることを確認❷し、シーケンス名として、
ここでは「第2章」と入力❸します。フ
レームレートや解像度は選択した動画の規
格に合うように自動で設定されます。

3 設定が完了したら、[作成]をクリック❹
します。

ポイント

シーケンスとは箱のようなもので、その中にはタイムラインがあり、動画・音声・テロップ・
音楽などのデータを並べていきます。シーケンスを書き出すことで、一本の動画が完成します。
ファイル名は「シーケンス名.mp4」のような形になります。

ワークスペースを変更する

編集画面が表示されたら、ワークスペースを変更しましょう。ここでは、もっともよく使う［編集］ワークスペースに切り替えます。

1 画面右上の［ワークスペース］をクリック❶し、［編集］をクリック❷します。

［学習］ワークスペース

2 編集画面が変更されました。画面が広くなるため［編集］がおすすめですが、どのワークスペースを使っても動画編集ができます。

ポイント

ワークスペースとは、画面を構成するパネルやウィンドウ全体のレイアウトのことを指します。

［編集］ワークスペース

レイアウトの変更について

1 各パネルの境目（ここでは［プロジェクト］パネルと［ツール］パネル）にマウスポインターを合わせるとアイコンが変わります。クリックしながら左右にドラッグすると、各パネルの大きさを変更できます。

2 各パネルを別のパネルに移動することもできます。例えば、プロジェクトパネル名をクリックしながら上部のソースパネルヘドラッグすると、配置を変更できます。

3 もし、間違えてレイアウトを変えてしまったときは、メニューバーの［ウィンドウ］－［ワークスペース］にある［保存したレイアウトにリセット］を選択すると元に戻せます。

旧UIでの新規プロジェクト作成

「Premiere Pro v 22.11（旧UI）」ではホーム画面から［新規プロジェクト］をクリック後、設定画面が表示されます。

［名前］にプロジェクト名を入力❶します。［参照］でプロジェクトの保存先を指定❷し、［OK］をクリックする❸と編集画面が表示されます。

旧UIでは、編集画面上部から各ワークスペース名をクリックすることでワークスペースを切り替えられます。

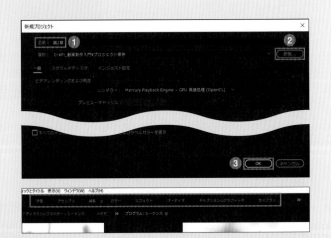

新UIと旧UIではホーム画面の［新規プロジェクト］クリック後の挙動が違います。新UIでは、読み込みモードへ移行し、旧UIでは、［プロジェクト設定］が表示されます。また、書き出しや一部のツールと機能が新旧で異なります。編集自体には影響がありませんが、Creative Cloudコンプリートプランを契約している方は、新しいUIに慣れるためにも、本書で採用している「Premiere Pro（Beta）v22（新UI）」を利用するといいでしょう。

レッスン 06

画面構成

Premiere Proの画面を
確認しよう

Premiere Proの画面を初めて開いたときに、要素の多さに驚いた人も
いるのではないでしょうか。多機能なPremiere Proには、大別して5つ
のパネルがあり、それぞれに役割を持っています。このレッスンで大づかみ
に理解しましょう。

各パネルの役割と画面構成

ここでは、[編集] ワークスペースの各パネルを見ていきましょう。

①メニューバー

[ファイル][編集][クリップ] など、9つのメニューがあり、クリックするとサブメニューが表示
され、さまざまな機能を呼び出せます。ショートカットキーがあるサブメニューには、右側にキー
が記載されています。[ファイル] メニューの [保存] のショートカットキー(Windowsは Ctrl + S、
Macは ⌘ + S) は特によく使うので、覚えておきましょう。

ファイル(F)　編集(E)　クリップ(C)　シーケンス(S)　マーカー(M)　グラフィックとタイトル　表示(V)　ウィンドウ(W)　ヘルプ(H)

②ヘッダーバー

Premiere Proの2021年12月時点のベータ版では、新しいヘッダーバーに変更されUIが一新されました。はじめての方でもわかりやすい仕組みになっています。

❶ホーム画面に移動できます。

❷読み込み、編集、書き出しの各モードにすばやく切り替えられます。

❸編集中のプロジェクト名が表示されます。

❹簡易的な設定で書き出す［クイック書き出し］を実行できます。

❺新機能を確認できます。

❻バグがあった場合のフィードバックを行えます。

❼ドロップダウン式のワークスペースメニューです。

❽プログラムモニターを全画面表示にできます。

③［ソースモニター］パネル

ソース（素材データ）をプレビュー表示したり、使用する場所を区切ったりすることができます。複数のタブがあり、それぞれのタブに応じた機能を利用できます。タイムラインに配置されているクリップを選択して［エフェクトコントロール］タブに切り替えることで、アニメーションを作ることもできます。

［ソースモニター］タブ

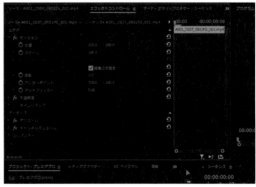

［エフェクトコントロール］タブ

④[プログラムモニター]パネル

編集した動画を再生するパネルです。このパネ
ルからテロップを追加することもできます。
最終的な映像の確認のために、見る機会が多い
パネルです。

⑤[プロジェクト]パネル

動画素材やシーケンスなど、編集に使用する
データを管理するパネルです。ここから、新た
に素材を読み込むこともできます。[プロジェ
クト]パネルにも複数のタブがあり、それぞれ
のタブに応じた機能を利用できます。

⑥[ツール]パネル

カット編集やテロップの追加に必要なツールが
配置されています。各ツールにはショートカッ
トキーが割り当てられており、作業効率化に役
立ちます。

⑦[タイムライン]パネル

動画素材を時間軸に配置することで動画を作成
できます。カット編集をはじめとする基本的な
編集作業はこのパネルで行います。

プログラムモニター

プログラムモニターを確認しよう

プログラムモニターは、編集中の映像が表示される場所です。基本となるモニターの構成と、再生の基本について学びます。多くの機能がありますが、一度に覚えようと気負う必要はありません。折に触れてこのページに戻って、少しずつ機能を覚えていきましょう。

‖ [プログラムモニター] パネルの役割一覧

プログラムモニターはタイムラインと連動しています。プログラムモニターの役割について見ていきます。

番号	説明
❶	再生ヘッド：タイムラインと連動しています。再生ヘッドの右に向かって時間軸が進みます。
❷	マーカーを追加：シーケンス内にマーカーを付けられます。「ここに効果音を入れる」など、メモの役割でも使えます。
❸	インをマーク：再生ヘッドの位置から開始点（イン）を設定できます。ショートカットキー I でも可能です。
❹	アウトをマーク：再生ヘッドの位置まで終了点（アウト）を設定できます。ショートカットキー O でも可能です。
❺	インへ移動：再生ヘッドがインへ移動します。

番号	説明
⑥	1フレーム前へ戻る：再生ヘッドが左へ1フレームずつ移動します。
⑦	再生：動画を再生／停止します。
⑧	1フレーム先へ進む：再生ヘッドが右へ1フレームずつ移動します。
⑨	アウトへ移動：再生ヘッドがアウトへ移動します。
⑩	リフト：インからアウトまでの範囲をカットします。カットされた場所は空白になります。
⑪	抽出：インからアウトまでの範囲をカットすると同時に、空白も詰めます。
⑫	フレームを書き出し：再生ヘッドの位置で静止画を書き出します。サムネイルを作成するときにも使えます。
⑬	比較表示：タイムラインに配置している任意の動画とシーケンスの動画を比較して見比べることができます。2つの動画の色味を合わせるカラーマッチ作業に便利です。
⑭	タイムコード：再生ヘッドの位置の時間とフレームが確認できます。Windowsでは Ctrl 、Macでは ⌘ を押しながらタイムコードをクリックすると、表示パターンを変更できます。
⑮	拡大率変更：プログラムモニターの表示倍率を変更できます。マスクやアニメーションなど、画面外の操作を行いたいときは、50%にすると作業しやすいです。
⑯	再生時の解像度：再生時にカクカクしたり重たくなったときは、1/2などに下げると処理が軽くなります。ディスプレイの解像度によって選択できる画質が変わります。
⑰	設定：プログラムモニターの細かい設定ができます。
⑱	イン／アウトデュレーション：インからアウトまでの再生時間を表します。
⑲	ボタンエディター：プログラムモニター下部に配置する項目を変更できます。ボタンの種類を追加または削除したい場合は、ボタンエディター内からドラッグ＆ドロップで変更できます。

動画再生の基本操作

1　再生ヘッドを左右にドラッグ❶することで、映像の場所を変更できます。
再生すると再生ヘッドの位置から右へ時間軸が進みます。

2　タイムライン上部の任意の場所をクリック❷すると、その場所に再生ヘッドが瞬時に移動します。

3　space キーで動画の再生と停止ができます。編集中によく使用する操作です。

ショートカットキーによる再生

ショートカットキーによる
再生操作を知ろう

ショートカットキーを使った便利な再生方法を学びます。マウス操作でも
同じことができますが、実作業ではより素早く操作できるキー入力をよく使
います。

⇦ ／ ⇨
1フレーム単位で移動させる

⇦ で左へ1フレームずつ移動します。⇨ で右へ1フレームずつ移動します。

Shift ＋ ⇦ ／ Shift ＋ ⇨
5フレーム単位で移動させる

Shift ＋ ⇦ で左へ5フレームずつ移動します。Shift ＋ ⇨ で右へ5フレームずつ移動します。

⇧ ／ ⇩
再生ヘッドを編集点へ瞬時に移動させる

⇧ でひとつ前の編集点へ移動します。⇩ でひとつ後の編集点へ移動します。

Home ＋ ⇦ ／ Home ＋ ⇨
タイムラインの最初か最後に移動

Windows では Home ＋ ⇦、Mac では fn ＋ ⇦ で開始位置へ移動します。Windows では Home ＋ ⇨、
Mac では fn ＋ ⇨ で終了位置へ移動します。

L ／ J
長尺編集に便利な倍速再生

L で右へ早送りし、J で左へ早戻しします。L または J を押すごとに、再生速度を上げて再生
できます。

キャッシュの保存

キャッシュの保存先を決めよう

本格的に編集を行っていく前に、キャッシュの保存先を決めましょう。キャッシュをパソコンの内蔵ハードディスクに保存すると、動作が不安定になる原因ともなります。とても大事な設定なので、ここでしっかり済ませておきましょう。

キャッシュの場所を指定する

1 メニューバーで［編集］①―［環境設定］②―［メディアキャッシュ］③の順にクリックします。

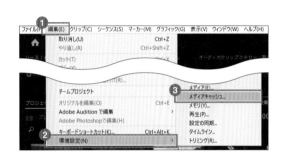

2 メディアキャッシュファイルの［参照］④とメディアキャッシュデータベースの［参照］⑤から、それぞれ保存先を設定します。

3 ［フォルダーの選択］の画面で保存場所をクリック⑥してから［新しいフォルダー］⑦をクリックし、「Adobe キャッシュ」などのわかりやすい名前をつけて⑧［フォルダーの選択］をクリック⑨します。

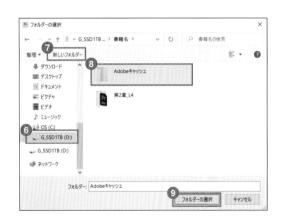

ポイント

プロジェクトファイルを複数作っても、ここで指定した場所にキャッシュが出力されます。キャッシュは編集の高速化やバックアップに役立つ大事なデータですが、たくさん生成されて容量を圧迫します。長く編集を続けていく上では、キャッシュやプロジェクトを外付けハードディスクに逃がして、パソコン本体の負荷を軽減することが大切です。

ポイント

環境設定の自動保存の項目では［自動保存の間隔］を変更できます。初期設定では15分になっていますが、5分前後にするといいでしょう。誤って Premiere Pro を終了した場合などのダメージを軽減できます。

COLUMN 操作の取り消しとやり直し

作業をやり直したいときには、よくショートカットキーを使用します。

●取り消しとやり直しのショートカットキー

操作	Windows	macOS
操作の取り消し	Ctrl + z	⌘ + z
操作のやり直し	Ctrl + Shift + z	⌘ + Shift + z

さらに、Premiere Proにはヒストリー機能があります。メニューバーで[ウィンドウ]にある[ヒストリー]をクリックすると、[プロジェクトパネル]に[ヒストリー]タブが追加されます。[ヒストリー]タブには過去に操作した内容が、上から古い順番に表示されています。

それぞれを選択すると、その内容の編集状態に戻れます。
標準では30回程度戻れますが、設定で回数を増やせます。

回数を増やすには、いずれかのヒストリー上で右クリックして、表示されるメニューで[設定]をクリックします。

[ヒストリーの状態]の数値を変更して[OK]をクリックすると、上限を増やせます。最大100回まで設定が可能です。

動画編集は、操作のやり直しが多く発生します。ショートカットキーとヒストリー機能を有効活用しましょう。

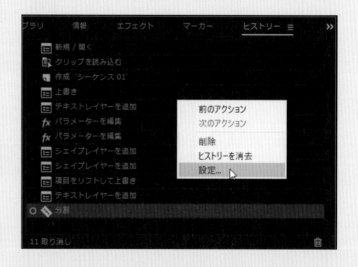

第 **3** 章

基本操作と便利な
編集ツール

Premiere Proの基本操作を学びます。重要なポイントを
厳選し、今日からでもPremiere Proを操作できるスキルを
お伝えしていきます。

1 メディアファイルと[プロジェクト]パネルの基本 ── 044

2 タイムラインの画面構成 ──────────── 050

3 クリップの基本操作 ───────────── 052

4 クリップの配置方法 ───────────── 054

5 [ソースモニター]パネルの使い方 ──────── 058

6 [ツール]パネルの使い方 ─────────── 060

メディアファイル

メディアファイルと
[プロジェクト]パネルの基本

Premiere Proでは多くのデータ形式に対応しています。サポート形式
を確認し、いくつかの動画素材の読み込み手順と[プロジェクト]パネル
の基本を学びます。

メディアファイルとは

動画編集に使用する素材を「メディアファイル」と呼びます。動画、静止画、音楽、Illustrator
ファイル、Photoshop ファイルなど、Premiere Pro に対応しているファイルはすべて メディアファ
イルと呼びます。

Premiere
pro.prproj

Photoshop.psd

Illustrator.ai

After Effects.aep

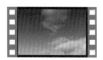

動画.mp4

画像.png

音楽.mp3

「メディアファイル」は、動画編集に使用する素材全般のこと

代表的なメディアファイルのファイル形式

Premiere Proで読み込める代表的なファイル形式を一覧表でご紹介します。

動画／アニメーション

形式	拡張子	Windows	Mac
MP4	.mp4	○	○
MOV	.mov	○※1	○
M4V	.m4v	○	○
GIF	.gif	○	○
AVI	.avi	○	○

※1 WindowsではQuickTime Playerが必要です。

静止画

形式	拡張子	Windows	Mac
Illustrator	.ai .eps	○	○
Photoshop	.psd	○	○
PNG	.png	○	○
JPEG	.jpeg	○	○
BMP	.bmp	○	○

オーディオ

形式	拡張子	Windows	Mac
mp3	.mp3	○	○
WAV	.wav	○	○
M4A	.m4a	○	○

プロジェクトデータ

形式	拡張子	Windows	Mac
Premiere Pro	.prproj	○	○
After Effects	.aep	○	○
Final cut Pro XML	.xml	○	○

Premiere ProやOSのバージョンによって、対応範囲が異なる場合があります。対応形式の詳細は、以下のURLをご確認ください。.mp4や.png等、定番の形式はどのバージョンでも問題なく読み込めるので、ご安心ください。

▼Adobe　入出力ファイル対応形式（Premiere Pro）
https://helpx.adobe.com/jp/premiere-pro/kb/cq0421005l.html

‖ [プロジェクト] パネルに素材を読み込む

メディアファイルを Premiere Pro に読む方
法はいくつかありますが、最も使う3つの
手順をご案内します。

①[読み込み]モードで読み込む

1 Premiere Proを起動して［新規プロジェク
ト］をクリックすると、［読み込み］モー
ドの画面が表示されます。

2 初期設定では［サンプルメディア］**1** が表
示されますが、自身で用意した動画を読み
込みたい場合は、動画を保存しているフォ
ルダーへアクセスします。例えば、［ムー
ビー］フォルダーにサンプルデータを保存
している場合は、［ムービー］**2** ―
［Section3］**3** とクリックしていきます。

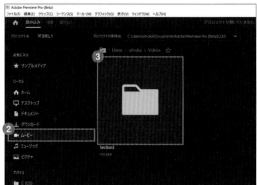

3 動画を選択**4** し、［作成］**5** をクリックす
ることでプロジェクトが作成され、指定し
た順番に動画が［プロジェクト］パネルに
読み込まれます。
なお、［読み込み］モードは2021年12月
現在ではベータ版にのみ搭載されている新
機能で、製品版は使用できません。

テクニック

‖ [読み込み]モードで途中で動画を読み込むときは

編集途中に［読み込み］モードから動画を読み
込む場合は、［シーケンスを新規作成する］を
オフ**1** にすることで、動画のみ［プロジェク
ト］パネルに追加されます。

②ドラッグ&ドロップで**読み込む**

1 Windowsではエクスプローラー、Macでは
Finderに動画ファイルを表示しておきます。

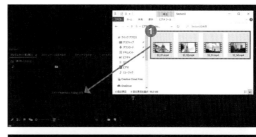

2 ［プロジェクト］パネルへドラッグ＆ドロッ
プ❶することで素材を読み込めます❷。

最もシンプルで簡単な読み込み方法です。
編集の途中で動画を追加したい場合は、ド
ラッグ＆ドロップによる読み込みがおすす
めです。

③[ファイル]メニューから**読み込む**

1 メニューバーで［ファイル］❶−[読み込
み]❷の順にクリックします。

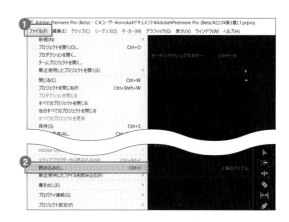

2 動画を選択❸し、［開く］をクリック❹す
ることで、動画が読み込まれます。

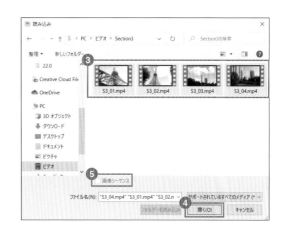

ポイント

読み込み画面で静止画を選択して［画像
シーケンス］にチェックマークを入れる❺
と、連番の画像ファイルを画像シーケンス
として読み込めます。タイムラプスや2D
アニメ、3DCGの制作など、大量の静止画
から動画を作成する際に便利な機能です。

自動でシーケンスを追加する

1 読み込んだ動画をひとつ選択①し、[新規項目] へドラッグ＆ドロップ②することで、自動的にシーケンスが作成されます。シーケンス名は動画ファイル名になり、プリセットは動画の規格に準じて自動選択されます。

慣れないうちはこちらの方法で新規シーケンスを作成するのがおすすめです。

手動でシーケンスを追加する

ひとつのプロジェクトファイルに複数のシーケンスを作成できます。

1 [プロジェクト] パネルの右下にある [新規項目] をクリック①し、[シーケンス] をクリック②します。

2 あらかじめ用意されているプリセットから好きな形式を選択して、シーケンスを新規作成できます。例えば、最も定番の「1080p30fps」を作成する場合は [AVCHD] ③－[1080p] ④－[AVCHD 1080p30] ⑤の順にクリックし、[OK] をクリック⑥します。

3 [プロジェクト] パネルに空のシーケンス⑦が作成されました。

4 タイムラインには何もクリップが配置されていないため、プログラムモニターは真っ黒な表示⑧になります。

シーケンスをいちから作って動画を作成したいときに使用する、中級者向けのやり方です。

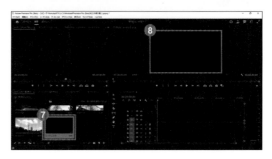

素材の管理に役立つ「ビン」

1 [プロジェクト] パネルの右下から3番目に、フォルダーのようなアイコン❶があります。Premiere Pro では、これを「ビン」と呼びます。

2 アイコンをクリックすると、[プロジェクト] パネルにビンが追加❷されます。ファイルをドラッグ&ドロップするとビンに移動できます。

ポイント

ビンはフォルダーと同じようなもので、読み込んだ動画ファイルをまとめておくことで、[プロジェクト] パネル内を整理できます。シーケンス以外の素材は、ビンにまとめてあげることで編集もしやすくなります。自分好みのビン分けをしましょう。

[プロジェクト] パネルの表示変更

[プロジェクト] パネルの表示方法には、アイコン表示とリスト表示があります。

1 アイコン表示❶は、動画のサムネイルが表示されます。使用中の素材はサムネイルの右下に青いマーク❷が付きます。

2 リスト表示❸は、フレームレートや動画の長さ等の情報が確認できます。

ポイント

動画ファイルとシーケンスの見分けがつかないときは、名前を確認しましょう。動画には拡張子がありますが、シーケンスにはありません。動画とシーケンスで名前を変えるとわかりやすいですが、動画ファイルと同じ名前のシーケンスがある場合は、拡張子を見てみましょう。

タイムラインの構成

タイムラインの画面構成

タイムラインは動画編集の要です。構成、各項目の役割について理解しながら、ひとつずつゆっくり覚えていきましょう。

タイムラインの基本構成

タイムラインパネルは編集作業の中でも一番操作するパネルです。飛行機で言う操縦席です。小難しい箇所もあるかもしれませんが、動画編集を行っていけば自然と理解が深まります。ひとつずつゆっくり覚えていきましょう。

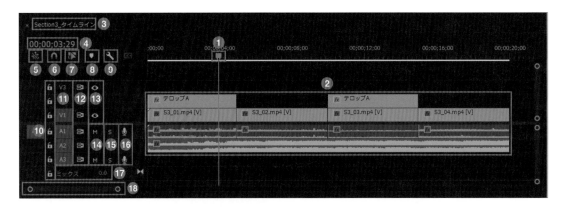

画面	番号	説明
	①	再生ヘッド：プログラムモニターと連動しています。再生ヘッドの場所のクリップがモニターに映し出されます。
	②	クリップとトラック：配置した動画素材をクリップと言います。クリップを配置する場所をトラックと言います。
	③	シーケンスタブ：編集しているシーケンス名が表示されます。
	④	タイムコード：再生ヘッドの位置が時間で表示されます。「時：分：秒：フレーム」で表示され、この画像では「03秒29フレームに再生ヘッドがある」という意味になります。
	⑤	ネストとしてまたは個別のクリップとしてシーケンスを挿入または上書き：オンになっていると、シーケンスをひとつのクリップとして配置できます。オフになっているとバラバラの状態でクリップが配置されます。ネストは複数のクリップをひとつにまとめられます。

画面	番号	説明
∩	❻	スナップ：オンになっているとクリップをタイムラインに配置するときやクリップを移動するときに編集点や再生ヘッド、別のクリップ、マーカーなどに磁石のように吸着させることができます。作業がしやすくなるため、基本はオンにしましょう。
	❼	リンクされた選択：映像と音声が一緒になっているクリップがあるときに、いずれかをクリックした際、すべてが選択状態になります。オフにすると、映像と音声を分けて選択できます。カット編集でまとめて削除できるため、基本はオンにしましょう。
	❽	マーカーを追加：クリップが選択された状態でオンにすると、クリップにマーカーが追加されます。クリップが選択されていない状態でオンにすると、再生ヘッドの位置にマーカーが追加されます。カットする前の編集点やエフェクトなどを入れるタイミングをメモのように追加するときに使えます。
🔧	❾	タイムラインの表示設定：タイムライン上に表示させるものを設定できます。
🔒	❿	トラックのロック切り替え：各トラックをロックして編集できなくします。完成したプロジェクトファイルをほかの作業者へ渡すときなどにすべてロックにすることで誤作動を防げます。
V1	⓫	ターゲットトラック：編集または確認したいトラック（V1、V2等）をオンにすることで、↑↓キーで編集点を移動するときに、ターゲットトラックが有効になっている編集点に再生ヘッドを移動させられます。また、クリップをコピー＆ペーストし、クリップを重ねたいときなどにも、ターゲットを切り替えることで、指定したトラックにペーストできます。
	⓬	同期ロックを切り替え：細かな編集中に、クリップとクリップの間に別のクリップを挿入するときに、オフ（アイコンに斜線が付きます）にしたトラックのみ他のトラックと同期させずに編集できます。BGMなど、固定で置きたいクリップがあるときにインサート挿入をすると、BGMにも空間ができてしまいます。意図的に固定させたい場合は、オフにしておきましょう。［トラックのロック切り替え］でも同じことができます。そのときどきで作業のしやすいやり方で操作しましょう。
👁	⓭	トラック出力の切り替え：オフにするとトラック全体が非表示になります。
M	⓮	トラックをミュート：オンにしたオーディオトラックのみ音を消せます。
S	⓯	ソロトラック：オンにしたオーディオトラックのみ音を聞けます。
🎤	⓰	ボイスオーバー録音：クリックするとレコーディングが開始され、音声などを録音できます。録音された音源はリアルタイムにタイムラインへ挿入されます。
	⓱	ミックス：オーディオトラック全体の音量を調整できます。
	⓲	スクロールバー：左右に移動させることで、タイムラインを拡大縮小できます。

ポイント

タイムコードは左から「時間」「分」「秒」「フレーム数」を表します。

`00;00;03;29`
時間　分　秒　フレーム

クリップの基本

クリップの基本操作

ドラッグ＆ドロップでさまざまなクリップ配置ができます。
まずは［プロジェクト］パネルから素材を配置する基本を学びましょう。

タイムラインへ動画を配置する

1 ［ツール］パネルが選択ツールになっている❶ことを確
認します。**基本的な操作は選択ツールで行います**。何か
作業をした後は**ショートカットキー** V **を押して選択ツー
ルに戻す**ことを習慣にするといいでしょう。

2 ［プロジェクト］パネルから「S3_0I.mp4」をタイムラインへドラッグ＆ドロップ❷します。

3 続いて「S3_02.mp4」を「S3_0I.mp4」の右にドラッグ＆ドロップ❸します。

4 **スナップ**❹がオンになっていると、クリップ同士を繋げたときに磁石のように隙間なく**吸着**❺
します。

スナップがオフだと**吸着せず、つなげようとするとクリップが上書きされます**。スナップ機能
を使い分けて、作業効率化に役立てましょう。

リップルを埋める

1 タイムラインに**余白**があるときは、**空白を
クリック**し、Deleteキーを押すことで削
除して詰められます。**空白のこと**を「リッ
プル」とも呼びます。

クリップの移動

クリップは、**選択ツール**で**左右上下**に移動
させられます。

1 ここでは、「S3_02.mp4」を右に**ドラッグ
&ドロップ**①してみましょう。

2 マウスボタンを離した位置に**クリップが移
動**②します。

クリップの削除

クリップの削除は、選択ツールでクリック
してDeleteキーを押すことで削除できます。

1 ここでは、[**リンクされた選択**] を**オフ**①
にし、「S3_02.mp4」の**音声のみ選択**②し
てDeleteキーを押します。

2 「S3_02.mp4」の映像を残して、**音声だけ
削除**③されます。なお [**リンクされた選
択**] を**オン**にすると、映像と音声を同時に
選択できます。状況に応じて、オン/オフ
を切り替えましょう。

クリップの配置

クリップの配置方法

クリップとクリップの間に別の動画を追加したいなど、細かい作業に向いているテクニックを学びます。

クリップを上書きする

1 上書きしたいクリップ「S3_01.mp4」の任意の位置に再生ヘッドを合わせます❶。

2 「S3_03.mp4」をプログラムモニターへドラッグ❷し、[上書き]にドロップ❸します（わかりやすくするため、[プロジェクト]パネルを[ソースモニター]パネルへ移動しています）。

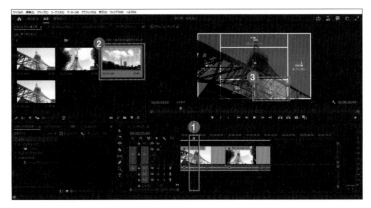

3 「S3_01.mp4」の再生ヘッドを始点に「S3_03.mp4」が上書きされました❹。シーケンスの時間は維持した状態で上書きされます。

ポイント

動画ファイルをタイムラインへ直接ドラッグ＆ドロップして上書きすることもできます。

クリップを置き換える

1 置き換えたいクリップ「S3_01.mp4」の任意の位置に再生ヘッドを合わせます①。

2 「S3_03.mp4」をプログラムモニターへドラッグ②し、［置き換え］にドロップ③します。

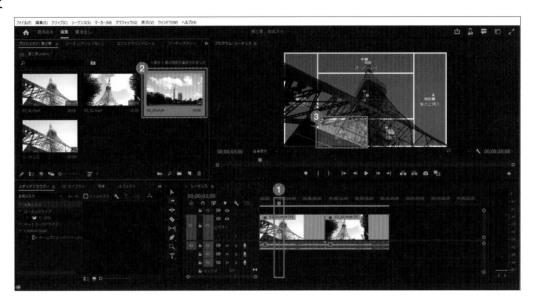

3 元クリップの尺を維持した状態で、まるごと別のクリップに置き換わりました④。

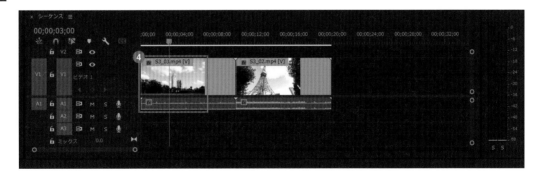

ポイント

動画ファイルを、Alt キーを押しながらタイムラインにドラッグ＆ドロップして置き換えることもできます。

クリップとクリップの間に動画をインサート（挿入）する

1 挿入したいクリップ「S3_01.mp4」の任意の位置に再生ヘッドを合わせます❶。

2 クリップをプログラムモニターへドラッグし、[前に挿入] か [後ろに挿入] のどちらかを選ぶとインサートされます。ここでは、「S3_03.mp4」をドラッグ❷し、[後ろに挿入] へドロップ❸します。

3 「S3_03.mp4」がインサートされました❹。シーケンスの時間は、追加した分伸びます。

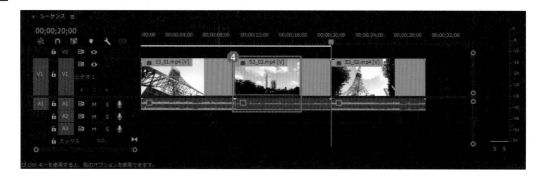

ポイント

Windowsでは Ctrl 、Macでは ⌘ を押しながら、タイムラインにドラッグ＆ドロップしてインサート（挿入）できます。編集点に合わせると [後ろに挿入] に、合わせない場合は [挿入] になり [挿入] になり、再生ヘッドの位置から上書きされて挿入されます。

クリップをひとつ上のトラックに配置する

1 配置したい位置に再生ヘッドを合わせます❶。

2 「S3_03.mp4」をプログラムモニターへドラッグ❷し、[オーバーレイ] にドロップ❸します。

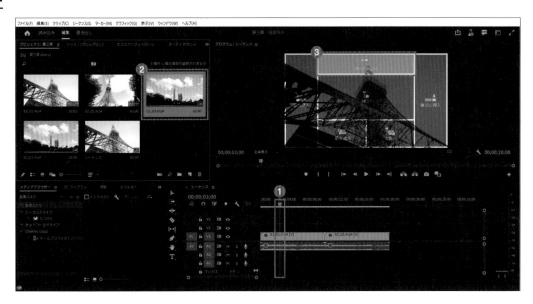

3 再生ヘッドの位置を始点にひとつ上のビデオトラック2(V2) に配置されました❹。

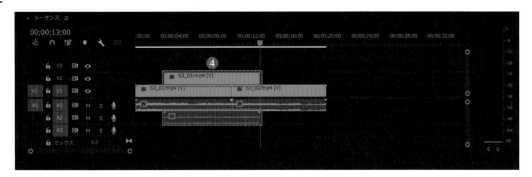

ポイント

[プロジェクト] パネルから直接タイムラインへドラッグ＆ドロップするのもいいですが、トラックが多くある場合などはこの方法が便利です。

［ソースモニター］パネル

［ソースモニター］パネルの使い方

［ソースモニター］パネルでは素材を確認するだけでなく、タイムラインへの配置にも利用できます。ここでは、長尺動画素材を利用する際などに便利な機能を学びます。

ソースモニターから タイムラインへ配置する

1 ［プロジェクト］パネルの動画ファイルをダブルクリック①すると、ソースモニターに表示されます②。

2 ソースモニターに表示された動画にマウスポインターを合わせて③タイムラインへドラッグ＆ドロップ④することで、タイムラインへ配置できます。

［ソースモニター］パネルで トリミングしてから配置する

1 再生ヘッドを任意の位置に合わせて①［ソースモニター］パネルの［インをマーク］をクリック②すると、トリミングの始点に指定できます。

2 同様に、再生ヘッドを任意の位置に合わせて③［アウトをマーク］をクリックする④と、トリミングの終点に指定できます。インとアウトで範囲を指定してからタイムラインへドラッグ＆ドロップすると、トリミングしてからクリップを配置できます。

3 指定を解除したいときは、範囲上を右クリック❺して表示されるメニューで［インとアウトを消去］をクリック❻します。

映像とオーディオを分けて配置する

1 ［ソースモニター］パネルには［ビデオのみドラッグ］❶と［オーディオのみドラッグ］❷の2つのボタンがあります。

2 ［ビデオのみドラッグ］からタイムラインへドラッグ＆ドロップすると、映像のみ配置できます❸。

3 同様に、［オーディオのみドラッグ］からタイムラインへドラッグ＆ドロップすると、オーディオのみ配置できます❹。

［ソースモニター］パネルからサムネイル画像を書き出す

1 ［フレームを書き出し］をクリック❶します。

2 ソースモニターの再生ヘッドの位置の映像を画像として書き出せます❷。

ポイント

プログラムモニター上にも同じボタンがあり、動画のサムネイル作成に役立ちます。

06

S3_01〜S3_04.
mp4／S3_L1-
L6.prproj

［ツール］パネルの使い方

［ツール］パネルには編集に必要なツールがそろっています。作業の中でも最も使用する機能です。それぞれの役割と、編集作業に役立つ操作を学びましょう。

［ツール］パネルとは

編集作業で使用する機能がまとめられたパネルです。言うなれば工具箱のようなもので、**作業に応じたツール**を使用します。アイコンをクリックするとツールが切り替わります。**アイコンの右下に三角形の表示❶**があるものは、**長押しして別メニューを選択**できます。ここでは、ショートカットキーがあるツールには、名称の右にキーを記載しています。

選択ツール（Ⓥ）

1 Premiere Pro上の項目を選択します。タイムライン上のクリップを選択❶したり、ドラッグして移動したり、クリップをトリミングしたりできます。**何か作業をしたら選択ツールにする癖をつけましょう。**

トラック前方選択ツール（Ⓐ）

1 トラックをクリック❶すると、その右側にあるクリップがすべて**選択**されます。

トラックサイズ後方選択ツール
（Shift＋A）

1 ［トラック前方選択ツール］を長押し❶して［トラック後方選択ツール］をクリック❷します。

2 トラックをクリック❸すると、その左側にあるクリップがすべて選択されます。

リップルツール（B）

クリップ間に**空白（リップル）を空けること**なく**トリミング**できます。ここでは、ひとつ目のクリップの後ろの方をトリミングします。なお、リップルツールはすでに**トリミングされているクリップ間**に有効です。

1 編集点にマウスポインターを合わせて、トリミングする位置までドラッグ＆ドロップ❶します。

2 **空白を詰めながらクリップがトリミング**されました❷。

ローリングツール（N）

1 ［リップルツール］を長押し❶して［ローリングツール］をクリック❷します。シーケンスの時間を維持した状態でクリップ間の編集点を変えられます。ここでは、編集点を左に移動します。なお、ローリングツールはすでに**トリミングされているクリップ間**に有効です。

2 編集点にマウスポインターを合わせて、移動する位置までドラッグ＆ドロップ❸します。

3 **編集点が左に移動**しました❹。

レート調整ツール（Ⓡ）

1 ［リップルツール］を長押し❶して［レート調整ツール］をクリック❷します。編集点をドラッグしてクリップを長くしたり短くしたりすることで、**再生速度を変更**できます。

2 ここでは、クリップの終点を左へドラッグ❸します。

3 クリップが短くなり❹、早送りになりました。反対にクリップを長くすると、スローになります。

リミックスツール

1 ［リップルツール］を長押しして、［リミックスツール］をクリック❶します。通常は音楽やBGMクリップを短くすると**オーディオが削られます**が、リミックスツールを使用することで自動でタイミングが合成され、**クリップの長さに合ったBGMに変更**できます。

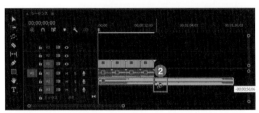

2 BGMが好みの長さになるようにオーディオクリップの終点を左へドラッグします。エッセンシャルサウンドパネルが表示されます。

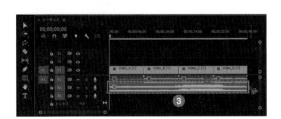

3 しばらく待つと、クリップの中に**ギザギザの線**が入り、短くしたBGMが分析され**長さに沿ったBGMに自動修正**されます。さらに細かい設定はエッセンシャルサウンドでBGMクリップを［ミュージック］に割り当てることで調整できます。

ポイント

リミックスツールはBGMクリップを伸ばすこともできます。動画の長さに合わせたBGMを探したり編集するのはたいへんですが、リミックスツールを使うことで、簡単にBGM全体のタイミング調整やループさせることができるため、とても便利なツールです（音源によってうまく調整されないこともあります）。この機能は「Premiere Pro Beta ver22」のみで利用でき、製品版では利用できません。

レーザーツール（C）

1 クリップ上の任意の位置をクリック❶すると、クリップに編集点を入れられます。

2 Shift キーを押しながらクリック❷すると、各トラックに配置している複数のクリップに編集点を同時に入れられます。

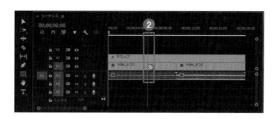

スリップツール（Y）

クリップの長さは変えずに使用している映像をトリミングできます。ここでは、クリップの終点から映像を左に詰めます。

1 クリップの終点を左にドラッグ❶します。

2 マウスボタンを離す❷と、クリップの長さを保持しつつ映像がトリミングされます。

スライドツール（L）

1 ［スリップツール］を長押し①して［スライドツール］をクリック②します。シーケンスの時間を維持した状態でクリップを移動させられます。なお、スライドツールはすでにトリミングされているクリップ間に有効です。

2 ここでは、クリップとクリップの間に挟まれたクリップにマウスポインターを合わせます③。

3 左にドラッグ＆ドロップ④すると、シーケンス全体の長さが変わらないまま、ドラッグしたクリップが左に移動します⑤。

ペンツール（P）

1 クリックすると、カスタムシェイプを描画できます。プログラムモニター上で自由にパスを追加して、シェイプグラフィックを作成①できます。

2 作成されたシェイプはグラフィッククリップとしてタイムラインへ配置②されます。

> **ポイント**
>
> 図形を構成する要素のことを「パス」といいます。パスは、ポイント同士を線で結んで構成されます。

長方形ツール

1 クリックすると、長方形のシェイプを描画できます。

2 プログラムモニター上で長方形でパスを追加して、シェイプグラフィックを作成❶できます。

3 作成されたシェイプはグラフィッククリップとしてタイムラインへ配置❷されます。「Premiere Pro Beta ver22」では最初からボタンが配置されていますが、**前Verではペンツールを長押し**することで切り替えられます。

楕円ツール

1 [長方形ツール]を長押し❶して[楕円ツール]をクリック❷します。

2 プログラムモニター上で円形や楕円形でパスを追加して、シェイプグラフィックを作成❸できます。

3 追加されたシェイプはグラフィッククリップとしてタイムラインへ配置❹されます。「Premiere Pro Beta ver22」では最初からボタンが配置されていますが、**前Verではペンツールを長押し**することで切り替えられます。

多角形ツール

1 [長方形ツール] を長押し❶し、[多角形ツール] ❷をクリックします。

2 プログラムモニター上で多角形（三角形）でパスを追加して、シェイプグラフィック❸を作成できます。

3 追加されたシェイプはグラフィッククリップとしてタイムラインへ配置❹されます。

　　多角形ツールは「Premiere Pro Beta ver22」のみで利用でき、製品版では利用できません。

手のひらツール（H）

1 タイムライン上をドラッグ❶すると表示位置を移動❷できます。

ズームツール（Z）

1 [手のひらツール] を長押し❶して [ズームツール] をクリック❷します。

2 タイムライン上をクリック❸すると、拡大表示できます。

3 Windowsでは Alt 、Macでは option キーを押しながらタイムライン上をクリック❹すると、縮小表示できます。

横書き文字ツール（[T]）

1 プログラムモニター上で横文字テキストを
追加❶できます。

2 追加されたテキストはグラフィッククリッ
プとしてタイムラインへ配置❷されます。

縦書き文字ツール

1 ［横書き文字ツール］を長押し❶して［縦
書き文字ツール］をクリック❷します。

2 プログラムモニター上で縦文字テキストを
追加❸できます。

3 追加されたテキストはグラフィッククリッ
プとしてタイムラインへ配置❹されます。

印象に残るテロップとは

テレビでも、インターネット上の動画でも、テロップで出てきた言葉がすごく印象に残ることってありませんか。テロップはコントラストが大事とお伝えしてきましたが、本文中で取り上げた明暗差や背景との色差以外にも、コントラストのつけ方というものがあります。

例えば、下の画像のように強調したい言葉の文字を大きくしてみましょう。文字の色もエッジの色も同じですが、一部のフォントサイズを変えるだけで
その言葉が印象に残りやすくなります。

テロップ中の強調したい部分はどこなのか、ポイントを絞って、色やサイズで周りとのコントラストをつけてあげると、視聴者の心に引っかかるテロップが作り出せるはずです。

電車の中吊り広告、いつもは捨てているチラシ、普段の何気ない日常にアイディアが潜んでいるかもしれません。

第 **4** 章

1日でできる
動画編集の基本

この章では、カット編集からテロップ入れ、エフェクト、トランジション、音楽追加まで、動画編集の基本スキルを学んでいきます。あわせて、編集操作の効率を高める実践スキルも身につけましょう。

1 カット編集の基本 ———————————————— 070

2 テロップ作成の基本 ————————————————— 077

3 エフェクトの基本 ——————————————————— 087

4 トランジションの基本 ————————————————— 090

5 オーディオの基本 ——————————————————— 092

6 レンダリングの基本 ————————————————— 094

7 書き出しの基本 ——————————————————— 096

8 シーン別の書き出し方法を知ろう ———————— 097

カット編集

カット編集の基本

カット編集は、動画制作の多くを占める作業です。ここでは基本のカット編集と、ショートカットキーを使った高速操作を学びましょう。

レーザーツールを使用した基本のカット編集

1 レーザーツール（C）を選択❶します。

2 クリップのカットしたい位置をクリック❷すると編集点が追加され、左右がカットされます。レーザーツールでカットしただけの状態であれば、編集点をクリックしてから delete キーを押すと編集点を削除できます。

ポイント

［リンクされた選択］（）をオフにすると映像とオーディオを個別にカットできます。意図しない場合はオンにしておきましょう。

3 選択ツール（V）を選択③してから不要なクリップをクリック④し、delete キーを押すと削除できます。

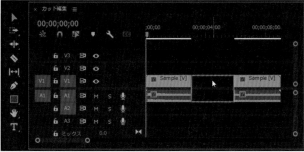

4 選択ツールのまま、クリップ間の空白をクリック⑤し、delete キーを押します。

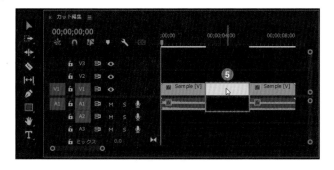

5 クリップが詰められました。以上がレーザーツールを使用したカット編集の基本です。レーザーツールと選択ツールはよく使うため、ショートカットキーも覚えておくといいでしょう。

カットしたクリップをトリミングで復元する

1 カットしたクリップを復元するには、クリップの端をドラッグ❶します。

2 ドラッグした分だけクリップが復元❷されます。対象クリップをすべて削除した場合は、［プロジェクト］パネルから再配置しましょう。

タイムライン上の空白をまとめて詰める

1 クリップ間に空白が複数あるときなど、まとめて詰めたくなることがあります。

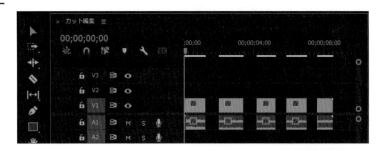

そのようなときは、メニューバーで［シーケンス］❶－［ギャップを詰める］❷の順にクリックします。

2 一括ですべての**空白**が埋まります。

ショートカットキーを使った効率的なカットと削除

1 カットしたい位置に再生ヘッドをドラッグ❶して Ctrl ＋ K キーを押します。

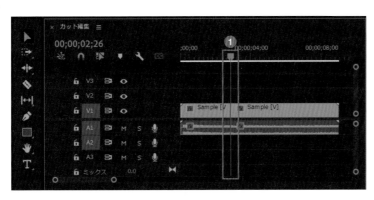

2 レーザーツールと同じようにクリップがカットされました❷。再生ヘッドを右にドラッグ❸し、もう一度 Ctrl ＋ K キーを押します。

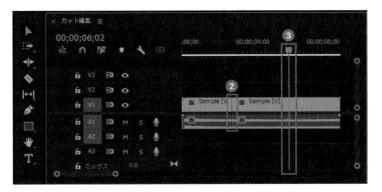

3 カットしたクリップをクリックして選択❹し、Shift + delete キーを押します。

カットしたクリップが**リップル**削除されました。

テクニック

Shift + Delete を活用しよう

カット編集で発生するクリップ間の空白を「リップル」と言い、**リップルを削除してクリップを詰める**ことを「リップル削除」と言います。上で解説した Shift + Delete は、不要なクリップとリップルの削除を一度に行えるため、**効率アップ**に役立ちます。

縦に並んだクリップをまとめてリップル削除する

ショートカットキーを利用
すると、トラックに配置し
ている複数のクリップを縦
にまとめてカットできます。

1 カットしたい位置に再生ヘッ
ドをドラッグ❶して移動させ
て、Qキーを押します。

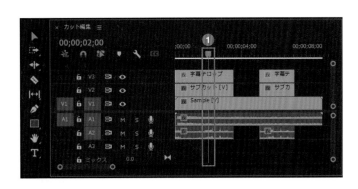

2 再生ヘッドから左のすべて
のクリップを同時にトリミ
ングして、ひとつ前の編集
点まで詰められました。

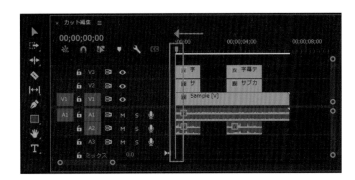

3 カットしたい位置に再生
ヘッドをドラッグ❷して移
動させて、Wキーを押しま
す。

4 再生ヘッドから右のすべて
のクリップを同時にトリミ
ングして、ひとつ後ろの編
集点まで詰められました。

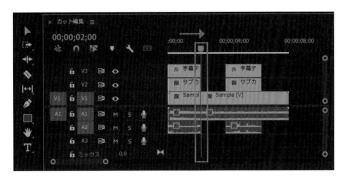

長尺に便利なインとアウトを使ったリップル削除

1 カットし始める位置に再生ヘッドをドラッグ❶して移動させます。再生ヘッドを右クリック❷して表示されるメニューで［インをマーク］をクリック❸すると、インが追加されます。

インは[I]キーでも追加できます。

右クリック

2 カットし終える位置に再生ヘッドをドラッグ❹して移動させます。再生ヘッドを右クリック❺して表示されるメニューで［アウトをマーク］をクリック❻すると、アウトが追加されます。

アウトは[O]キーでも追加できます。

右クリック

3 タイムラインにインとアウトの範囲が追加❼されました。[Shift] + [Delete]キーを押します。

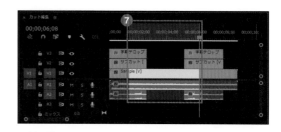

インとアウトの範囲のすべてのクリップをリップル削除できました。

ポイント

インとアウトを取り消す場合は、再生ヘッドを右クリックして表示されるメニューで［インポイントとアウトポイントをクリア］をクリックします。

レッスン

02

S4_02.mp4／
S4_L2.prproj

テロップ編集

テロップ作成の基本

動画編集に欠かせないテロップ作成の基本から応用まで学びます。[エッセンシャルグラフィックス]パネルを使って文字やタイトル追加の基本を学びましょう。

[エッセンシャルグラフィックス]パネルの基本

[エッセンシャルグラフィックス]パネルとは、文字や図形の追加や編集ができる機能です。

[ワークスペース]をクリック❶して表示される一覧から[キャプションとグラフィック]をクリック❷すると、画面右側に[エッセンシャルグラフィックス]パネルが表示されます。

テクニック

[ファイル]メニューから表示するには

[ファイル]メニューの[ウィンドウ]❸から[エッセンシャルグラフィックス]をクリック❹しても、[エッセンシャルグラフィックス]パネルを表示できます。

[参照]タブの機能

[マイテンプレート] **①**では、あらかじめ
用意されているタイトルアニメーションの
ひな形を使用したり、Adobe Stcokでダウ
ンロードしたテンプレートや自分で作成し
たテロップデザインをひな形として保存し
て、利用できます。

[Adobe Stock] **②**では、おもにAfter
Effectsで作られた、アニメーション付き
のひな形を使用できます。有料または無料
のテンプレートが表示され、ハイセンスな
テロップやタイトルが簡単に作れます。

「参照」タブに表示されるテンプレートは、
Premiere Proのバージョンによって異なる
場合があります。

[編集]タブの機能

[編集]タブ**①**はオリジナルの字幕やテロッ
プを作成するときに使います。フォント、
サイズ、色などを細かく設定できます。

テロップを作るときには、**基本的にはこち
らのタブを使用**します。

テロップを作成する

1 テロップを追加したい位置に再生ヘッドをドラッグ❶して移動させます。

2 [横書き文字ツール] ❷を選択し、プログラムモニター上の文字を置きたい位置をクリック❸すると、赤枠のテキストボックスが表示されます。

タイムラインには「グラフィック」というタイトルクリップが追加されます❹。

3 テキストボックスに文字（ここでは「はじめてのテロップ」）を入力❺します。

タイムラインの「グラフィック」というクリップ名が、入力した文字に変わります❻。

4 タイムライン上でクリップの端をトリミング❼すると、表示時間を調整できます。

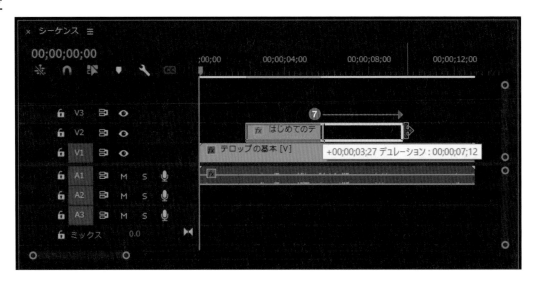

5 ［エッセンシャルグラフィックス］パネルの［編集］タブに追加された［T］アイコンをクリック❽すると、文字の書式や色を設定できます。

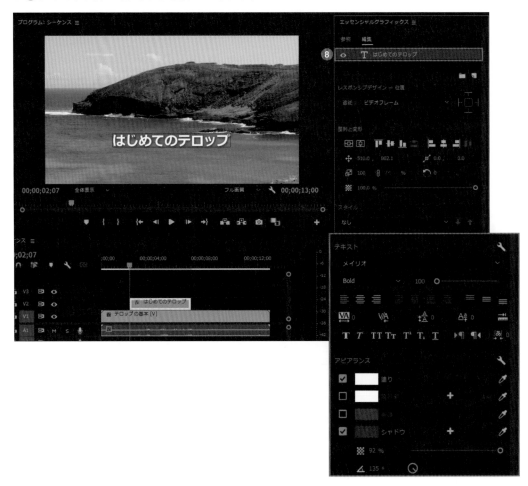

6 複数の文字クリップがある⑨場合は、各クリップをクリックして選択することで、個別にテキストを編集できます。

テクニック

テロップの位置を
変更するには

選択ツール❶でプログラムモニター上のテキストボックスの位置を自由に移動させられます。

テキストボックスをクリックしながら Shift キーを押した状態でドラッグすることで、上下または左右一定方向❷に移動させられます。

Ctrl キーを押しながらドラッグすることで、磁石のように吸着するスナップ機能が付き、グリッド❸に沿って移動させられます。

[整列と変形]のX軸・Y軸の数値❹を変更して、位置を移動することもできます。

テロップ編集の基本

[エッセンシャルグラフィックス] パネル
を使って、テロップの編集を行います。右
完成図のテロップを作るためのフォント、
色、境界線、シャドウ、文字の書式の基本
を見ていきましょう。

完成図

1 文字の大きさを変更します。前ページから
続けて操作していきます。[エッセンシャ
ルグラフィックス] パネルの [テキスト]
にある数値をクリックし、「130」と入力❶
すると、文字の大きさを変えられます。文
字の大きさは、数値の右にあるスライダー
を左右にドラッグしても変えられます。

2 テロップを画面中央に配置します。[整列
と変形] にある [垂直方向中央] と [水平
方向中央] をクリック❷します。テロップ
がプログラムモニターの画面中央に配置さ
れます。

3 フォントと太さを変更します。[テキスト]
でフォント名の右の [▼] をクリック❸し
ます。一覧から [メイリオ] をクリック❹
します。フォント名の左下のボックスをク
リックし、一覧から [Bold] をクリック❺
します。

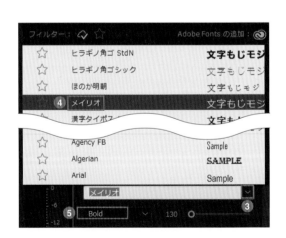

文字の大きさと配置、フォントと太さを設
定できました。

4 ［アピアランス］の［塗り］のカラーパ
レットをクリック**6**します。

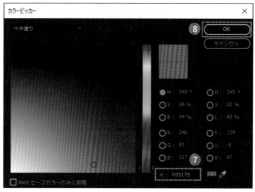

5 右下の入力ボックスにカラーコード
「F05175」を入力**7**して、OKをクリックし
ます**8**。

6 アピアランスに戻ったら、［境界線］を有
効にし**9**、右側のサイズ欄に「20」と入力
10します。［シャドウ］を有効にします**11**。

7 テロップに文字色とふち、影を設定できま
した。

8 ［アピアランス］の［設定］をクリック**12**
すると、グラフィックプロパティが表示さ
れます。［線の結合］一覧**13**から［ラウン
ド結合］をクリック**14**し、［OK］をクリッ
ク**15**します。

テクニック

‖ ［線の結合］では何を設定しているの？

［線の結合］は文字のふちの形に影響する設定です。［マイター結合］だとふちが角張り、［ラウン
ド結合］だと丸みを帯びます。

マイター結合

ラウンド結合

テロップ複製のポイント

1 ［選択ツール］で❶、コピーしたいクリップをクリック❷して Ctrl（Mac の場合は ⌘ ）＋ C を押してコピーします。

2 複製先の行の［ビデオトラックターゲット（V2）］をクリック❸して有効にし、それ以外はクリックして無効にします。有効になっている項目は青く点灯します。

3 複製先の始点となる位置に再生ヘッドをドラッグ❹、 Ctrl（Mac の場合は ⌘ ）＋ V を押してペースト❺します（ペーストされると再生ヘッドは自動的に終点に移動します）。

ポイント

ペーストするときは、有効になっているトラックターゲットの若い番号順に優先して選ばれます。右の例のように、V1 と V2 が両方有効になっている❻場合は、V1 の行にペーストされる❼ため、注意しましょう。

テクニック

マウス操作でも複製できる

タイトルクリップを Alt キーを押しながらドラッグすることで、簡単に複製できます。ビデオクリップも Alt キーで複製できます。

テクニック

レーザーツールで分割しても増やせる

レーザーツールでタイトルクリップを分割❶することで、クリップごとに文字を変更できます。

Adobe Fontsの使い方

Creative CloudコンプリートプランまたはAdobe単体プランを契約していると「Adobe Fonts」を利用できます。Adobe Fontsは、**貴重な日本語フォント100種類、欧文フォント1600種類以上**の中から好きなフォントを使用できます。すべてのフォントは、個人用および商用にライセンスされます。その他、Adobe Fontsのライセンスの詳細は公式ページをご確認ください。

▼Adobe FontsのWebページ
https://helpx.adobe.com/jp/fonts/using/font-licensing.html

1 ［エッセンシャルグラフィックス］パネルの［テキスト］❶から［Adobe Fontsの追加］の右のアイコンをクリック❷します。

2 WebブラウザーからAdobe Fontsページが開いてログインすることで、好みのフォントをインストールできます。ここでは、検索ボックスに「源ノ角ゴシック」と入力❸して Enter キーを押します。

3 「源ノ角ゴシック」のフォン
トファミリーが表示されま
す。[7個のフォントをアク
ティベート]を有効化❹す
ると、インストールが開始
されます。

4 Premiere Pro に戻り、[エッセンシャルグラフィックス]パネルの[テキスト]から[Adobe か
らフォントを表示]❺をクリックすると、Adobe Fonts でインストールされたフォントのみを
表示できます。

5 Adobe Fonts でインストール
されたフォントは[Creative
Cloud]デスクトップアプリ
の[フォント管理]からも
確認できます。

さまざまな日本語フォント
を利用できるため、フォン
トに困った際はぜひご活用
ください。

03

S4_03.mp4／
S4_L3.prproj

エフェクト

エフェクトの基本

Premiere Proには標準で多数のエフェクトが搭載されています。エフェクトとは、クリップに追加できる効果のことです。基本となるビデオエフェクトの追加方法を学びましょう。

[レンズフレア]を適用する

1 [プロジェクト]パネルの[＞＞]❶-[エフェクト]❷の順にクリックし、[エフェクト]タブを表示します。すでに[エフェクト]タブが表示されている場合は、この操作は必要ありません。

2 [ビデオエフェクト]❸-[描画]❹の順にクリックします。[レンズフレア]❺というエフェクトがあります。

ポイント

エフェクト検索欄から「レンズフレア」と入力しても表示できます。

3 ［レンズフレア］をビデオクリップにドラッグ＆ドロップ⑥して適用します。

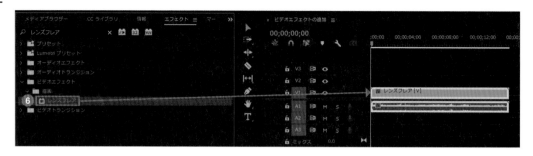

4 エフェクトが適用されると、映像に光源が追加されます。

［レンズフレア］の設定を変更する

1 選択ツールをクリックして選択し、エフェ
クトを適用したビデオクリップをクリック
します。［ソースモニター］パネルの［エ
フェクトコントロール］タブをクリック❶
し、［レンズフレア］が追加されているこ
とを確認❷します。［エフェクトコント
ロール］タブでは、**エフェクトの設定変更
やアニメーションの追加**ができます。ここ
では、レンズフレアが太陽のように見える
よう、設定を変更します。

2 ［光源の位置］に「280」と「240」と入力
③ します。［レンズの種類］の右のボック
スをクリックして、一覧から［105mm］
をクリック**④**します。

太陽のような光源を作れま
した。

テクニック

エフェクトの適用前後を比較するには

エフェクト名の隣にある［fx］をクリック**❶**すると、エフェクトの適用前と適
用後を切り替えられます。

テクニック

適用前や設定変更前の状態に戻すには

［エフェクトリセット］をクリック**❶**すると、
初期数値に戻ります。エフェクト名をクリック
❷して選択し、Delete キーを押すと、エフェク
トを削除できます。

トランジション

トランジションの基本

「トランジション」とは、場面転換を意味します。動画内に区切りを入れたいときや、テロップをふんわり出したいときなどにトランジションを使います。

トランジションの追加

1 「S4_04_A.mp4」と「S4_04_B.mp4」の2つのビデオクリップをトランジションでつないでいきます。トリミングされていないクリップは、端に白い三角マーク❶が表示されます。

2 「S4_04_A.mp4」の終わりと「S4_04_B.mp4」の始まりを1秒程度トリミング❷し、2つのクリップをつなぎます。トランジションを追加するときは、必要なフレームを確保するために、前もってトリミングを行って余白を作ります。余白の長さは使うトランジションによって決めます。

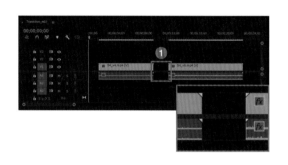

3 [プロジェクト] パネルで [エフェクト] タブをクリック❸します。[ビデオトランジション]-[ディゾルブ] の順にクリック❹し、[クロスディゾルブ] を動画クリップの間にドラッグ＆ドロップします。

4 プログラムモニターで再生すると、映像が変わるときに、トランジションが適用されていることがわかります。ディゾルブは**不透明度を生かしたトランジション**で、よく使用される場面転換です。

トランジションの調整

1 クリップに適用したトランジションの端を
ドラッグ①して伸ばすと、トランジション
の時間が左右均等に伸びます。

2 Shift キーを押しながらクリップの端をド
ラッグ②して伸ばすと、トランジションの
時間が左右片方に伸びます。

3 トランジション自体をドラッグ③すると、
トランジションの位置が変わります。

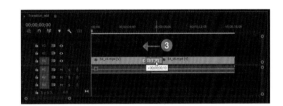

ポイント

トランジションを削除したいときは、タイ
ムラインでクリックして選択し、Delete
キーを押します。

テクニック

ビデオクリップ以外にも適用できる

ここではビデオクリップを例に取りましたが、
トランジションはほぼすべてのクリップに適用
できます。例えばグラフィッククリップにディ
ゾルブを適用①して、テロップをゆっくり表示
させる、といった使い方も便利です。

オーディオ

オーディオの基本

オーディオトラックミキサーを使った調整方法を学びます。音をフェードアウトさせる簡単な編集方法もお伝えします。

‖ BGMを追加する

1　オーディオデータをA2にドラッグ＆ドロップ❶して配置します。

2　プログラムモニターで再生すると、音声とBGMが一緒に再生されます。音のボリュームは、タイムラインの隣にあるオーディオ波形❷で確認できます。

3　[ソースモニター] パネルの [オーディオクリップミキサー] タブをクリック❸します。各オーディオトラックのミキサーが表示されます。[ボリューム] を上下にドラッグ❹することで、各オーディオトラックのボリューム全体を調整できます。

テクニック

‖ ナレーターのボリュームはどのくらいがいいの？

ナレーターのボリュームはオーディオ波形の「-12前後」❶に設定するのがおすすめです。YouTubeなどで音声が小さくて聞こえない、といったトラブルを防げます。

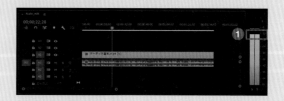

オーディオのフェードアウト

オーディオをフェードアウトさせるにはいくつかの方法がありますが、ここでは簡単に設定できるエフェクトを用いた方法を解説していきます。

1 [プロジェクト] パネルの [エフェクト] タブをクリック❶します。[オーディオトランジション] ❷-[クロスフェード] ❸の順にクリックし、[コンスタントゲイン] をオーディオの終わりにドラッグ＆ドロップ❹します。

オーディオをフェードアウトさせることができました。コンスタントゲインの端をドラッグ❺して伸ばすことで、フェードアウトの長さを調整できます。

テクニック

オーディオを自然につなげられる

オーディオエフェクトは、映像の終わりだけでなく、クリップ間にも適用❶できます。クリップのつなぎ目の音声が飛んでしまうときに適用することで、自然にオーディオをつなげられます。

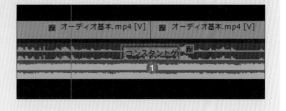

レンダリング

レンダリングの基本

レンダリングとは、編集中のプレビュー再生の負荷を軽減して、スムーズに再生できるようにする機能です。主にエフェクトやアニメーションを適用した動画で必要になります。

動画全体をレンダリングする

1 レンダリングバーの色が赤い❶箇所は、レンダリングが必要です。

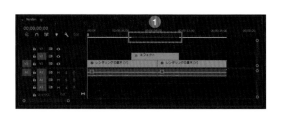

2 [プロジェクト] パネルで [シーケンス] をクリックして選択し、Enter キーを押すことでレンダリングが始まります。

> **ポイント**
>
> レンダリングバーが黄色や緑の場合、Enter キーを押してもレンダリングされません。

3 レンダリングが完了すると、レンダリングバーの色が赤から緑色に変わります❷。

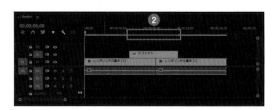

レンダリングバーの色と意味

色	意味
赤	レンダリング必要。カクついたり、フリーズする可能性あり
黄色	レンダリング不要。重たい場合もあるが、問題なく再生できる
緑	レンダリング不要。問題なく再生できる

シーケンスの一部をレンダリングする

1 レンダリングを行いたい始めの位置に再生
ヘッドをドラッグ❶して移動します。

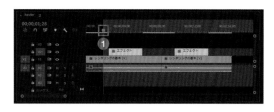

2 時間表示部分を右クリックして表示される
メニューで［インをマーク］をクリック❷
します。

3 レンダリングを行いたい終わりの位置に再
生ヘッドをドラッグ❸して移動します。

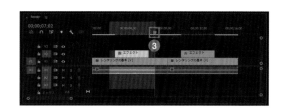

4 時間表示部分を右クリックして表示される
メニューで［アウトをマーク］をクリック
❹します。

　　Enter キーを押すと、インマークとアウト
マークで囲まれた範囲のみがレンダリング
されます。

テクニック

使わなくなったキャッシュファイルは削除していい

レンダリングされたデータは、プレビューファイルという名前のキャッシュファイルとして、キャッシュフォルダーに保存されます。プレビューファイルは動画編集を多く行ううちに蓄積され、ハードディスク容量を圧迫します。編集が終わったプロジェクトのプレビューファイルは必要に応じて削除しましょう。キャッシュの削除方法については、第10章レッスン5とレッスン6で解説しています。

レッスン

07

書き出しの基本

レンダリングがプレビュー再生時の負荷を軽減する作業であるのに対し、書き出しは最終的に動画データを書き出す作業です。［クイック書き出し］による書き出しを解説します。

クイック書き出し

1 画面右上の［クイック書き出し］をクリック❶すると、現在編集中のシーケンスを簡単な設定で書き出せます。

2 ［ファイル名と場所］でファイルパスをクリック❷すると、動画ファイル名と書き出しデータの保存先を変更できます。ファイル名を変更しない場合、書き出したシーケンス名が動画ファイル名になります。画面下部❸で書き出し設定の情報が確認できます。

3 ［プリセット］をクリック❹すると、一覧から書き出し形式を指定できます。シーケンスで利用している動画と同じ規格で書き出す場合は［Match Source-Adaptive High Bitrate］を、フルHDで書き出す場合は［高品質 1080p HD］をクリックします。

［書き出し］をクリックすると、書き出しが開始されます。

書き出されたデータは指定したフォルダーに保存されます。

レッスン 08

書き出しモード

シーン別の書き出し方法を知ろう

書き出しモードに切り替えると、書き出し専用の画面に遷移し、クイック設定よりも細かな設定を行って動画を書き出せます。

書き出しモードの画面構成と役割

書き出しモードの画面を確認していきましょう。

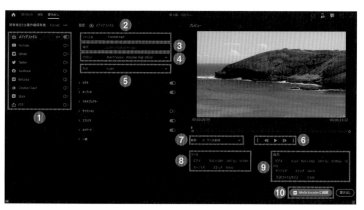

❶メディア：基本的にはメディアファイルを選択します。**パソコンの記憶領域**にファイルが書き出されます。YouTubeなどに直接アップロードすることもできます。

❷ファイル名：動画ファイルの名前を変更できます。

❸場所：書き出し先を指定できます。

❹プリセット：代表的な動画形式を指定できます。基本的には、**プリセットから用途に合致するものを選択**することが多いです。

❺形式：動画形式を指定できます。[その他]をクリックすると、すべてのプリセットが表示されます。最も一般的なのがH.264です。H.265やMPEG-2も有名な形式です。

❻再生：再生確認ができます。またインマークアウトマークをつけることができるので、この画面から一部のみ書き出すこともできます。

❼範囲：シーケンス全体または一部の範囲を指定して書き出せます。

❽ソース：シーケンスに使用している動画素材の基本情報が表示されます。

❾出力：書き出す動画データの基本情報が表示されます。

❿エンコード：[書き出し]をクリックすると、Premiere Proで書き出されます。[Media Encoderに送信]をクリックすると、Media Encoderで書き出されます。

YouTubeに直接アップロード

1 ［メディア］から［Youtube］をクリック**①**
して有効にし、［＋］マークをクリック**②**
します。

2 Premiere ProをYoutubeアカウントと連携
させることで、Premiere ProからYouTube
へ直接動画をアップロードできるようにな
ります。

YouTubeなどで使える高画質書き出し

1 ［プリセット］を［高品質 1080p HD］に
設定**①**します。［形式］を［H.264］に設定
②します。［ビデオ］をクリック**③**して、
［フレームサイズ］が［フルHD］**④**、［縦
横比］が［正方形ピクセル(1.0)］**⑤**になっ
ていることを確認します。

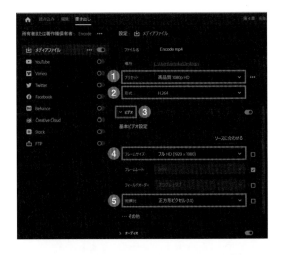

ポイント

1080pの動画素材を使用してプリセットを
［4K(4096×2160)］にしても、動画がきれい
になることはありません。動画素材の規格
にあった設定を行いましょう。

2 レンダリングを行っている場合は、［一般］
をクリック**⑥**して［プレビューを使用］を
クリック**⑦**してチェックマークをつけるこ
とで、**書き出し速度が向上します。**

チェックマークを入れると、プリセット名
が［カスタム］になります。

納品で使える高品質書き出し

1 ［プリセット］を［Apple ProRes 422］に設定❶します。［形式］が［QuickTime］❷、拡張子が「.mov」❸になっていることを確認します。

2 映像制作の**代表的な納品形式**です。H.264とは別に、高品質な動画データとして採用されることがあります。

旧UIでの書き出し

1 メニューバーの［ファイル］をクリックして［書き出し］にマウスポインターを合わせて［メディア］をクリックします。

2 ［形式］を［H.264］❶に、［プリセット］を［ソースの一致 – 高速ビットレート］❷に設定します。［出力名］をクリック❸して保存先を指定します。

3 レンダリングが**完了している場合**は、［プレビューを使用］を有効❹にすると、書き出し速度が向上します。［書き出し］をクリック❺すると開始されます。

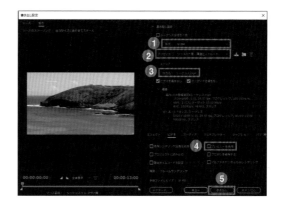

テクニック

H.264とH.265の違い

H.264は世界中で使用されている形式で、PC、スマホ、YouTube・SNSなど幅広い場所に対応した、**汎用性が高い圧縮形式**です。H.265はH.264の上位版のような形式です。H.264ではフレームレートの上限が60fps、画質の上限が4Kまでなのに対し、H.265ではフレームレートが300fps、画質が8Kまで対応しています。AppleやNetflixなどでも採用されている、次世代の圧縮形式です。

Media Encoderを使った書き出し

Media Encoderは、Adobeが提供する**書き出し専用ソフト**です。複数のシーケンスや形式をまとめて書き出すときは、このソフトを使うのが便利です。

1 書き出しモードで［Media Encoderに送信］をクリック❶します。

2 Media Encoderが起動しました。［キュー］にPremiere Proの書き出し設定が表示❷されます。［レンダラー］で書き出し方法を選択します。条件を満たしているGPUがパソコンに搭載されている場合は［CUDA］という高速処理を、それ以外の場合は［ソフトウェア処理］など、ほかのレンダラーを選択❸しましょう。

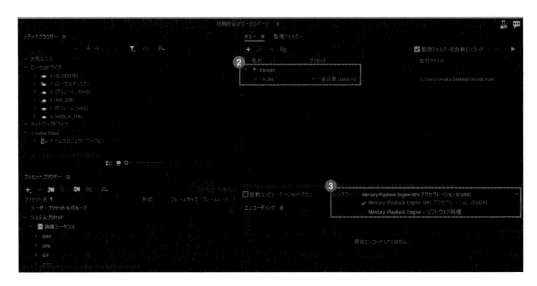

3 シーケンス名をクリックして選択し、［複製］をクリック❹して、書き出し設定を複製します。

4 複製した書き出し設定の［プリセット］の［▼］をクリック❺して表示される一覧から別の形式をクリックして、変更してみましょう。

5 2つの形式がキューに表示されました。［キューを開始］をクリック❻すると、書き出しが開始されます。

テクニック

書き出し設定を取り消すには

書き出し設定は、シーケンス名を選択し、Delete キーを押すことで個別に削除できます。

テクニック

書き出し中はほかの操作をしないほうがいい

Media Encoderを使うことで、書き出しながらPremiere Proで編集をすることも一応可能です。ただし、書き出し中はパソコンの動作がとても重たくなるため、あまり実用的ではありません。書き出し中は基本的にほかの操作をせずに待ちましょう。

おすすめ動画クリエイター周辺機材

「おすすめのマイクは何ですか?」「モニターって何使っているんですか?」などなど、よくこういった機材に関する質問を受けます。私自身、国内外の有名クリエイターが使っている機材を調べたり、こまめに最新機材の情報を入手したりしています。機材は動画編集者共通の関心事だと思います。ここでは、参考までに私が使用している周辺機材をご紹介します。

まずパソコンですが、Windowsの場合、BTOショップで購入を検討するのがおすすめです。カスタム性に優れていて、クリエイター用パソコンが豊富に用意されています。

モニターは「EIZO」を使っています。発色が的確で個人的に目が疲れにくいです。動画編集だけでなく、日常的な作業を行うのにも重宝しています。さらにデュアルモニターにして編集効率を高めています。

マイクは、用途により異なりますが、私の場合、Udemyの動画を作ることが多いため、屋内での収録用に「Blue yeti」を使っています。シンプル設計で音質が良いですね! あと屋外でも使える「RODE」のワイヤレスピンマイクもおすすめです。

カメラは、パナソニックGHシリーズを使っています。カメラメーカーどこがいい論争は果てしないので、あまり深くは語りませんが、昨今の一眼レフはどこのメーカーも動画性能がよくて、背景もキレイにボケて、おしゃれな動画が撮れるので、各個人の好みかと思います。

編集用のハードディスクは「SSD」をおすすめします。「HDD」は大容量で価格も安いので悩ましいですが、動画編集速度を上げるにはやはり、SSDのほうが有利です(ただしSSDは壊れたら復元が困難です)。容量は最低でも「1TB」はあるといいでしょう。私は、キャッシュ用に「SSD1TB」、バックアップ保存用に「HDD2TB」(複数)を使っています。

今ではさまざまな機材を使っている私も、お金がなかったころは中古のMac Book1台とiPhoneで全部やっていました。

機材は凝ったらそのぶん快適になりますが、必須ではありません。無理してそろえなくても、パソコンとスマホとやる気さえあれば、十分に動画編集ができる時代です。

第 **5** 章

さらに役立つ動画編集の実践

この章では、カット編集からテロップ入れ、エフェクト、トランジション、音楽追加まで、動画編集の基本スキルを学んでいきます。あわせて、編集操作の効率を高める実践スキルも身につけましょう。

1 可読性の高い字幕テロップを作ろう ——— 104

2 グラデーションを使ったテレビ風テロップを作ろう — 106

3 オリジナルテロップの保存とテロップ一括変更 — 111

4 図形を使ったタイトルデザインを作ろう ——— 115

5 ［自動補正］を使ったかんたんカラー補正 — 119

6 Lumetriスコープを使った手動カラー補正 ——— 120

7 カラーグレーディングで映像の雰囲気を変えよう — 123

字幕テロップ

可読性の高い字幕テロップを作ろう

ここからは、実践的なテロップの作り方を学んでいきます。まずは企業VP で入れる機会の多い、字幕の入れ方を見ていきましょう。可読性をいかに高めるかがポイントです。

字幕は文字を正確に読んでもらうことが目的なので、最も重要なのは「見やすさ」です。ここでは背景を使ったシンプルかつ見やすい字幕を作成していきます。

完成図

セーフマージンを表示する

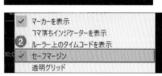

1 プログラムモニターの［設定］をクリック❶し、［セーフマージン］をクリック❷してチェックマークを付けます。

2 モニター上にガイドが表示されます。セーフマージンは二重になっています。内側は「タイトルセーフマージン」といい、文字情報を収める目安です。外側は「アクションセーフマージン」といい、映像情報を収める目安です。非表示にする場合は、［設定］から［セーフマージン］のチェックマークをはずします。

ポイント

セーフマージンとは「テレビや放送用モニターなどの画面上で、正しく表示される領域の目安」のことを言います。ブラウン管テレビが使われていた時代は、映像の上下左右を数％隠して表示される場合があったため、セーフマージンを基準にして動画を作る必要がありましたが、現在の液晶テレビやモニターでは、プログラムモニターの映像がそのまま表示されるようになったため、あまり気にする必要はありません。特にYouTubeなどの配信コンテンツはフルHDのまま表示されるため、セーフマージンはテロップ配置等のガイド目安として活用するといいでしょう。

フォントと文字の大きさを設定する

1　［横書き文字ツール］を選択します。プログラムモニター上で「ここに字幕が入ります」と入力します。［テキスト］一覧①から［源ノ角ゴシック］をクリック②し、フォントサイズを「70」にします③。

文字の配置を設定する

1　セーフマージンの二重線の間を目安に字幕を画面下部に配置しましょう①。

文字と背景の色を設定する

1　アピアランスの［塗り］から、文字色を白にします①。カラーコードの場合は「FFFFFF」と入力します。
　　［背景］を有効にして②、黒色にします。

2　アピアランスの［背景］を有効にしておくと、タイトルクリップを複製した際に、各タイトルクリップの文字数の変動に応じて自動で背景サイズを調整してくれます。

テクニック

可読性を高める色選びのコツ

文字と背景のコントラスト（色の明るさの差）を強くすることで、可読性が上がり、スタイリッシュなデザインを作成できます。

コントラストを意識した字幕

白黒の場合

コントラストを意識した字幕

同系色の場合

テレビ風テロップ

グラデーションを使った
テレビ風テロップを作ろう

続いて、テレビ番組などでよく見かける、グラデーションを活かした高品位なテロップの作り方を見ていきましょう。動画のクオリティアップのカギを握る要素のひとつです。

島の浜辺の映像に合うようなテロップを作りましょう。

完成図

文字を入力する

1 [横書き文字ツール] をクリックして選択し、プログラムモニター上に「大自然を満喫する」と入力します。フォントサイズに「170」と入力①します。

2 プログラムモニターの文字を下にドラッグ②して、画面下部に移動します。

フォントと文字間を設定する

1 フォントはAdobe Fontsからダウンロードした [A-OTF UD黎ミン Pr6N] ①を使用します。太さは [H] ②を選択します。

2 文字間を広げるために、[カーニング] の右の数値をクリックして「140」と入力③します。文字を斜めに傾けるために [斜体] をクリック④して有効にします。

3色のグラデーションを設定する

1 ［アピアランス］の［塗り］のカラーパレットをクリック❶し、カラーピッカーを表示します。［ベタ塗り］をクリック❷し、一覧から［線形グラデーション］をクリック❸します。

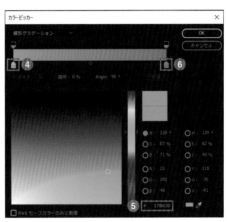

2 左下の［カラー分岐点］をクリック❹し、右下の入力ボックスにカラーコード「17B630」を入力❺します。

3 次に右下の［カラー分岐点］をクリック❻し、同様に「0A91255」と入力します。

4 左右のカラー分岐点の間をクリック❼すると、中間点を追加できます。同様に「21F334」と入力❽します。

テクニック

グラデーションを調整したい

グラデーションを調整するには、［カラー分岐点］❶や［カラー中間点］❷を左右にドラッグします。

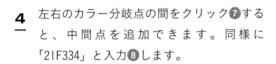

グラデーションの色を変更する

1 プログラムモニター上の［を満喫する］を
ドラッグ❶して選択します。

2 ［アピアランス］の［塗り］のカラーパ
レットをクリックし、カラーピッカーを表
示します。

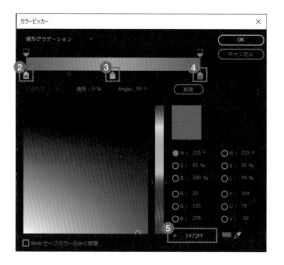

3 左下の［カラー分岐点］をクリック❷し、
右下の入力ボックスにカラーコード
「1473FF」と入力します。

4 中央の［カラー中間点］をクリック❸し、
同様に「54B6F9」と入力します。

5 右下の［カラー分岐点］をクリック❹し、
同様に「1473FF」と入力❺します。

文字全体にストローク（ふちどり）を追加する

1 文字全体を選択し、［アピアランス］の
［境界線］を有効❶にします。カラーパ
レットをクリック❷して、表示されるカ
ラーピッカーの右下の入力ボックスに
「FFFFFF」と入力します。［境界線］の右
側にある幅の入力ボックスをクリックし、
「10」と入力❸します。

ポイント

境界線の幅の入力ボックスの左にある［+］
をクリックすると、さらにストロークを追
加できます。

ふちどりの色を変更する

1 プログラムモニター上で「大自然」をドラッグ❶し、[＋]で境界線を追加し、カラーパレットをクリック❷します。表示されるカラーピッカーの右下のボックスに「19B30F」と入力❸します。[境界線]の右側にある幅の入力ボックスをクリックし、「12」と入力❹します。

2 プログラムモニター上で「を満喫する」をドラッグ❺し、同様に「境界線」を追加し、色を「1788EA」❻、幅を「12」❼に設定します。

文字の形状を調整する

1 [アピアランス]の[設定]をクリック❶し、グラフィックプロパティを表示します。

2 線の結合の[ラウンド結合]をクリック❷します。

文字にシャドウを追加する

1 [アピアランス]の[シャドウ]を有効にします❶。カラーパレットをクリック❷して、表示されるカラーピッカーの右下の入力ボックスに「FFFFFF」と入力します。

2 [不透明度]を「100％」、[角度]を「140°」、[距離]を「6.0」、[サイズ]を「8.5」、[ブラー]を「60」に設定❸します。

シャドウでさまざまな表現ができる

［シャドウ］の項目だけでも幅広い表現を作れます。例えば、ブラー数値が高いほど発光している印象に、低いほどくっきりした印象にできます。また、距離やサイズを変更することで、より立体的な印象になります。さらにシャドウを追加したい場合は、［＋］マークをクリックして追加できます。シャドウを重ねることで、奥行き感が生まれます。ただし、シャドウは文字全体に反映されるため、「塗り」や「境界線」のようにひとつのテキストボックスで色分けすることはできません。シャドウを使い分けたいときは、テキストボックスを複数作成しましょう。

シャドウの色を変更する
こともできる

文字を縦に伸ばす

1 ［整列と変形］の［スケールをロック］を
クリック❶してオフにします。縦横比を分
けて拡大できるようになります。縦軸に
「120」と入力❷します。

これで、テレビ番組に出てきそうなグラ
デーション文字の完成です。

作成したテロップデザインはほんの一例で
す。色を変えてみたり、フォントを変えて
みたり自由にグラデーションを作ってみて
ください。

レッスン

03

S5_03.mp4／
S5_L3.prproj

テロップの保存

オリジナルテロップの
保存とテロップ一括変更

［エッセンシャルグラフィックス］パネルで作成したテロップデザインの保存方法と、複数のテロップを一括で変更する方法を学びます。

マスタースタイルで保存する

作成したテロップの設定を保存します。対象となるのは［テキスト］と［アピアランス］で、［整列と変形］は保存されません。また、テキストボックス内で文字を色分けしている場合は、片方の色のみ保存されます。

1 ［編集］タブ❶から［スタイル］の［スタイルを作成］をクリック❷します。

2 スタイルの名前を入力します。ここでは「バラエティスタイル」と入力❸して［OK］をクリック❹します。

ポイント

マスタースタイルは、スタイルを保存したプロジェクトファイルにのみ適用されます。ほかのプロジェクトファイルには適用されないので、注意しましょう。

マスタースタイルを適用する

1 保存したマスタースタイルは、[プロジェクト] パネルに表示❶されます。

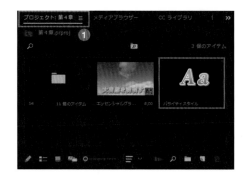

2 新しく「スタイル反映」というテキストを追加し、追加されたタイトルクリップに、保存したマスタースタイルを適用しましょう。

3 [プロジェクト] パネルのマスタースタイルを、適用したいタイトルクリップまでドラッグ❷します。

4 保存したマスタースタイルが適用されました。

テクニック

[エッセンシャルグラフィックス] パネルからも適用できる

ドラッグ＆ドロップ以外にも、クリップを選択ツールで選択してから、[エッセンシャルグラフィックス] パネルの [スタイル] ❶にある [なし] をクリックして、一覧から保存したスタイルを選択❷して適用することもできます。

マスタースタイルでテロップを一括変更する

マスタースタイルが適用された複数のテロップでは、マスタースタイルに変更を加えると、変更が**一括で反映**されます。

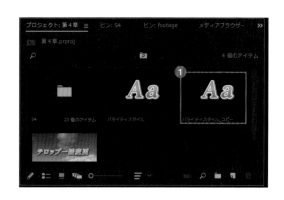

1 ［プロジェクト］パネルにあるマスタースタイルをクリックして Ctrl ＋ C （Macの場合は ⌘ ＋ C ）を押してコピーし、Ctrl ＋ V （Macの場合は ⌘ ＋ V ）を押してペーストして複製❶しておきます。

2 第4章レッスン2を参考に、複製したマスタースタイルを任意のデザインに変更❷します。

3 テロップに変更を加えると、マスタースタイルの右の ［↓］［↑］が押せるようになります。［トラックまたはスタイルに押し出し］をクリック❸します。

4 マスタースタイルが上書きされ、適用されているすべてのテロップに変更が反映されます。

ポイント

変更が一括で反映されるのは、**同一マスタースタイル**が適用されているタイトルクリップのみです。別のマスタースタイルが適用されたクリップには反映されないので注意しましょう。

モーショングラフィックス
テンプレートとして保存する

タイトルクリップで作成したデザインは、
モーショングラフィックステンプレートと
しても保存できます。

1 保存したいタイトルクリップを選択ツール
でクリック❶して選択します。右クリック
して表示されるメニューで［モーショング
ラフィックステンプレートとして書き出
し］をクリック❷します。

2 ［名前］にテンプレート名として「バラエ
ティスタイル」と入力❸し、［OK］をク
リック❹します。

3 ［エッセンシャルグラフィックス］パネルの［参照］タブをクリッ
ク❺します。保存したテンプレートが表示❻されます。マスター
スタイル同様、タイムラインへドラッグ＆ドロップして適用でき
ます。

ポイント

モーショングラフィックステンプレートでは、マスタースタイル
のように一括で変更を反映することはできませんが、デザインま
たはアニメーションの設定も保持して保存できます。また、ほか
のプロジェクトでも、保存したデザインを使用できます。2つの保
存方法を使い分けて活用しましょう。

114

04

S5_04.mp4／
S5_L4.prproj

図形付きタイトル

図形を使った
タイトルデザインを作ろう

［エッセンシャルグラフィックス］パネルでは、文字以外にもシェイプを使った図形や静止画・動画ファイルを追加してテロップを作成できます。図形を使うことで、テロップをより印象的なものにできます。

図形を使ってビジネス系タイトルを作ろう

企業VPでよく見る、ビジネス向けの質問テロップを作ります。タイトルやテロップを見やすくするために背景に敷く図形を「**座布団**」、図形のことを「**シェイプ**」とも言います。

完成図

シェイプを作成する

1 ［エッセンシャルグラフィックス］パネルを表示した状態で行います。ペンツール❶で画面左右の端をそれぞれクリックし、横線のシェイプを作成します。 Shift キーを押しながらペンツールを使うと、直線のシェイプが引けます。

2 ［アピアランス］で以下の設定を行います。

塗り：無効
境界線：有効
色：021B5D

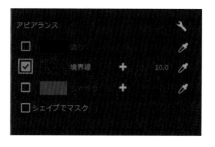

3 長方形ツール②で四角形の横長図形を作ります。長方形ツールがない場合は、ペンツールを長押しすると表示されます。

4 ［アピアランス］で以下の設定を行います。

境界線：無効
塗り：有効
色：021B5D

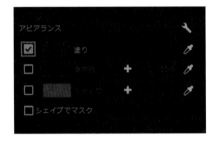

テクニック

テキストを中央に配置するには

中央に置きたいシェイプやテキストを選択し［整列と変形］の［垂直方向中央］と［水平方向中央］①をクリックすると、画面の中央にレイヤーを配置できます。

文字を作成する

1 横書き文字ツールをクリックして選択して、以下の設定で文字を追加①します。

入力内容：質問内容
フォントサイズ：60
フォント：メイリオ
色：FFFFFF

2 ［エッセンシャルグラフィックス］パネル
を確認しましょう。［編集］タブの中に、
作成したオブジェクトがあります。階層
（レイヤー）になっており、一番上にある
レイヤーが最前面に表示されます。各レイ
ヤーを選択することで、個別にデザインを
調整できます。

ポイント

各レイヤーは右クリックして表示されるメニューから削除や名前の変更が可能です。

3 横書き文字ツールをクリックして選択し
て、以下の設定で文字を追加❷します。

入力内容：QUESTION
フォントサイズ：40
フォント：メイリオ
色：FFFFFF

4 ［アピアランス］から［背景］を有効にし
て、シェイプと同色の「021B5D」にしま
す。「背景」を有効にすることで、シェイ
プで作成した「座布団」と同じような見た
目にできます。

第5章 さらに役立つ動画編集の実践

テキストとシェイプを組み合わせることで、Premiere Proだけでもスタイリッシュなタイトルデザインを作成できます。文字の後ろに「座布団」としてシェイプを追加することで、テキストとシェイプを分けてアニメーションを設定することもできます。

最新版なら角丸の長方形も簡単に作れる

これまで、Premiere Pro上で角丸の長方形を作ろうとすると、複雑な手順が必要でした。しかし、Premiere ProのVer.22(Beta)から、長方形ツールで作成したシェイプに［角丸の半径］を設定できるようになり、簡単に角丸の長方形を作れるようになりました。

［角丸の判型］に「50」と入力❶します。

テロップの角が丸くなりました。

05

S5_05.mp4
／S5_L5_
L7.prproj

カラー補正

［自動補正］を使った
かんたんカラー補正

カラー補正とは、本来の映像の色味に近づけることを目標に、色を調整していく作業です。まずはもっとも簡単な自動カラー補正の方法を見ていきましょう。

色を自動補正する

1 画面右上の［ワークスペース］をクリックし**①**、［カラー］に切り替えます。［Lumetriカラー］パネルでは、カラー補正を行えます。

2 カラー補正をしたい動画クリップを選択し、［基本補正］にある［自動補正］をクリック**②**します。

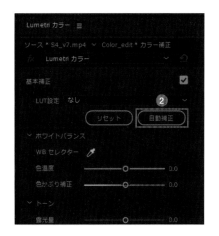

少し待つと、**自動で色補正**が行われます。

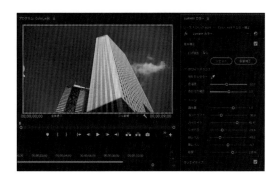

Lumetriスコープ

Lumetriスコープを使った手動カラー補正

最近の自動補正はとても優秀ですが、素材によっては求める結果にならないことがあります。その場合はLumetriカラーを用いて、色を手動で補正しましょう。

Lumetriスコープの見方

1 ［ソースモニター］パネルの［Lumetriスコープ］❶では、映像の色合いや明るさのバランスを、波形やグラフを通して確認できます。

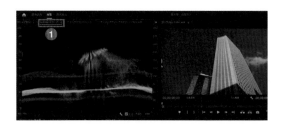

2 Lumetriスコープ上を右クリックして表示されるメニューで［パレード］❷と［波形］❸をクリックして有効にし、［波形タイプ］にマウスポインターを合わせて、［YC彩度なし］をクリック❹して選択します。

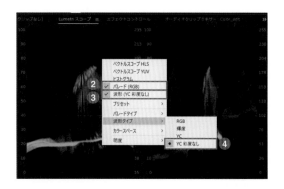

3 Lumetriスコープには0〜255までの数値があり、0は黒、255は白を表します。縦軸は「明るさ」を表し、波形が縦に長いほどコントラストが強く、短いほどコントラストが弱くなります。**波形が均等に分散して、縦に伸びているのがきれいな色味です。**

4 ［波形タイプ］の［YC彩度なし］では、全体の明るさとコントラストを確認できます。

5 ［パレード］では、色合いを赤（R）・緑（G）・青（B）の3色に分解して表示します。それぞれの色の強弱や、色の偏りを確認できます。

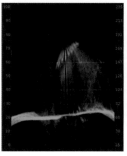

YC彩度なし

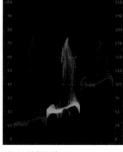

パレード（RGB）

Lumetriカラーで色を
手動補正する

1　Lumetriカラーでは細かい色補正ができます。特に重要な［カーブ］の［RGBカーブ］と［基本補正］の調整手順を見ていきましょう。

2　全体の明るさとコントラストを調整します。［カーブ］ ❶-［RGBカーブ］❷の順にクリックします。白をクリック❸して選択し、直線になっているトーンカーブをクリックし、S字を描くように調整❹しましょう。

S字にすることで、明るい部分はより明るく、暗い部分はより暗く補正できます。

3　同様の手順で、赤・緑・青もS字を意識して調整しましょう。**カーブは少し調整するだけでも大きく変わるため、Lumetriスコープの［波形タイプ］-［YC彩度なし］と映像を見ながら、慎重に調整しましょう。**

4 ［基本補正］をクリック❺します。すでに
［カーブ］で全体の明るさと色合いが調整
できているため、［基本補正］では微調整
のみ行います。

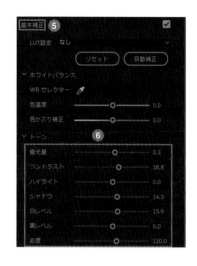

5 ［トーン］の各項目を変更❻します。Lumetri
スコープを見ると、全体的に波形が下に
偏っているため、少し上げる形で調整しま
しょう。

6 ［ソースモニター］パネルの［エフェクト
コントロール］タブをクリック❼し、
［Lumetriカラー］の［fx］をクリック❽し
て、補正前と補正後を比べてみましょう。

ポイント

最後の微調整では［Lumetriスコープ］に
合わせようとしても、思い通りにいかない
こともあります。そのような場合には
［Lumetriスコープ］は参考程度にとどめ
て、自分の目を信じて映像だけを見て調整
するといいでしょう。

ポイント

［RAW］で撮影された動画データでは、よ
り本格的なカラー補正が可能になります。
色味のクオリティを上げたい場合は、RAW
データを使用しましょう。

レッスン

07

S5_05.mp4
／S5_L5_
L7.prproj

カラーグレーディング

カラーグレーディングで映像の雰囲気を変えよう

カラー補正が色を正しいものに近づける作業なのに対して、カラーグレーディングは表現や演出のために、色を調整する作業です。主にシネマティックな作品で使用されます。

プリセットを用いたカラーグレーディング

1 Lumetriカラーの［クリエイティブ］をクリック❶します。［Look］の右のボックスをクリック❷すると、一覧からプリセットを選択できます。

Lookとは、スマートフォンのカメラアプリにあるフィルター機能のようなものです。外部からダウンロードして、**世界中のクリエイターが作成したLook**を使うこともできます。

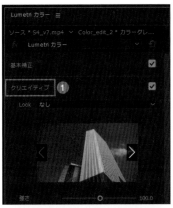

2 標準で搭載されているLookプリセットから、設定したいものをクリック❸して選択します。

一度任意のプリセットを選択した後に、プレビュー表示画面の左右の矢印❹をクリックすることで別のプリセットに切り替わり、プレビュー表示画面をクリックすると、プリセットが反映されます。

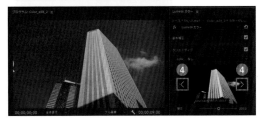

3 プレビュー表示画面の下にある［強さ］のスライダーをドラッグ❺すると、Lookをどの程度反映するかを調整できます。

‖ カラーグレーディングは奥が深い

カラーグレーディングやカラー補正は奥が深く、突き詰めるとワンランク上に上がれる一方、うまく行かないと映像のバランスが崩れてしまうこともあります。センスが問われる作業であるがゆえに、カラー補正に特化した専門のクリエイターもいるくらいです。まずは基本となる知識を抑えることで、編集スキルの引き出しを増やしていきましょう。

‖ 自作カラーグレーディングの保存

オリジナルのカラー設定を行った後に、保存する方法を見ていきましょう。

1 カラー設定を行ったクリップを選択し、Lumetri カラーの隣にある三本線をクリック❶し、表示されるメニューで［Cube 形式で書き出し］をクリック❷します。

2 ［キューブLUTを書き出し］の画面が表示
されます。任意の保存先をクリック❸し、
任意のファイル名を入力❹して、［保存］
をクリック❺します。

3 保存したカラー設定を呼び出すときは、適
用先のクリップをクリック❻し、Lumetriカ
ラーの［基本補正］にある［LUT設定］を
クリック❼して［参照］をクリック❽しま
す。

4 ［LUTを選択］の画面で、保存したLUTファ
イルを選択❾し、［開く］をクリック❿し
ます。

別のクリップにオリジナルのカラー設定
（LUT）が反映されました。

カラー補正はたいへんな作業なので、気に
入ったカラー設定は保存しておきましょ
う。

動画のクオリティをワンランク高めるテクニック

動画制作に慣れてくると「もう少し映像をかっこよくするにはどうしたらいいんだろうか」「自分の中のイメージを具体的に表現するには何を変えたらいいんだろうか」と新たな悩みが生まれてきます。動画のクオリティをワンランク高めるための、いくつかのポイントをお伝えします。

●動画は「標準」と「広角」を使い分ける

撮影時には主に標準と広角を使い分けましょう。人物は標準、建物や風景は広角で撮ると見映えがよくなります。また、物撮りをする場合はマクロ撮影もおすすめです。

●音声にこだわる

音は非常に大切なので、音声も一緒に撮る場合は、ピンマイクをつけたり、カメラやマイクに風防をつけましょう。

●グリーンバックを試す

機材をそろえる必要がありますが、グリーンバックを使用することで、他の映像や画像を背景に合成することができて、よりインパクトのある映像にできます。

●スーパースローモーションを取り入れる

動画の内容にもよりますが、通常速度の映像の合間にスーパースローモーションを挟むことで、かっこよさ・オシャレさを出すことができ、視聴者の関心を引くことができるでしょう。

●BGMは「Ambient」がおすすめ

企業向け動画の制作にあたって、私はよく「Ambient」というジャンルのBGMを使用しています。実際にいくつかレビュー再生していただけるとわかるかと思いますが、動画の内容を邪魔せず、自然に背景に流れるため、BGMとしてとても優秀です。

●トランジションを多用しない

動画制作を始めたてのころはトランジションを多用しがちですが、場面転換が多いと、視聴者は混乱します。トランジションは本当に必要なシーンでのみ使いましょう。

●ほかのアプリケーションと連携させる

After Effectsと連携させたり、IllustratorやPhotoShopでデザインしたグラフィックを取り入れたりすると、より本格的な作品に近づけます。特にAfter Effectsがある程度使えるようになると、差がつけられます。

第 **6** 章

動画の質を高める
アニメーション

ここでは、キーフレームアニメーションの作成方法を解説していきます。タイトルアニメーションやロゴアニメーション、エフェクトの変化など、キーフレームを使うことでさまざまな表現が可能になります。プロも使うアニメーションスキルの基本を押さえていきましょう。

1 キーフレームアニメーションの基本 ——————— 128

2 クオリティを高める補間法の基本 ——————— 135

3 時間補間法の種類を知ろう ——————— 136

4 空間補間法の種類を知ろう ——————— 142

5 モーションブラーで動きをリアルにしよう ——————— 144

6 アニメーションにイントロ・アウトロを設定しよう — 146

7 レスポンシブデザインを使ったアニメーションを作ろう — 148

8 ポップアップアニメーションのテンプレートを作ろう — 153

9 モーショングラフィックステンプレートを利用しよう — 159

アニメーションの基本

キーフレームアニメーション
の基本

［エフェクトコントロール］タブの各項目の役割を理解し、キーフレームアニ
メーションの基本を学びます。

［エフェクトコントロール］タブの構成

すべてのプロパティ（項目）にはキーフレームを追加でき、数値で表示されます。

❶シーケンス名とクリップ名：選択中のクリップ名が表示されます。

❷エフェクトのオン・オフ：アニメーションやエフェクトの表示と非表示を切り替えます。

❸アニメーションのオン・オフ：**ストップウォッチ**とも呼びます。クリックするとキーフレームが追加され青く点灯します。

❹パラメーターをリセット：各項目の数値をリセットできます。すでにキーフレームがある場合は初期設定の数値で新たにキーフレームが追加されます。

❺キーフレーム：キーフレームのアイコンです。補間法によって形が変わります。補間

法については、レッスン2〜4で解説します。

❻［エフェクトコントロール］タブのタイムライン：キーフレームが配置される場所です。［タイムライン］パネルと連動しています。

❼再生ヘッド：［エフェクトコントロール］タブの再生ヘッドです。［タイムライン］パネルと連動しています。

❽表示の拡大縮小：スクロールバーを左右に動かすことで、［エフェクトコントロール］タブの表示を拡大縮小できます。

❾プロパティをフィルター：各項目に応じて表示方法を選択できます。

［エフェクトコントロール］タブの設定項目

項目		説明
モーション	位置	X軸とY軸の位置を指定します。　例：960.0（X軸）540.0（Y軸）
	スケール	拡大と縮小が行えます。［縦横比の固定］のオンとオフを切り替えられます
	回転	平面上に360度回転できます
	アンカーポイント	クリップの中心点を表します。アンカーポイントを軸にモーションが入ります
	アンチフリッカー	映像のちらつきを抑制します
不透明度	不透明度	透明度の強弱を調整できます。キーフレームを使うことで、フェードイン・アウトを作れます
	描画モード	クリップ同士を合成できます
タイムリマップ	速度	映像の速度を調整できます。キーフレームを使うことで、強弱のあるモーションを作れます
オーディオ	ボリューム	音の調整ができます

‖ キーフレームとは

メディア（動画、画像、図形、タイトル）クリップに対して動きや変化を加えたものを「キーフレームアニメーション」といいます。アニメーションに必要な要素が「キーフレーム」です。動画や図形だけでなく、オーディオやエフェクトにも追加できます。キーフレームは［エフェクトコントロール］タブで作成できます。動画を右から左へ移動させたり、BGMの音量を途中から下げたり、エフェクトに変化を加えたり、さまざまな場面でキーフレームが使われます。

2秒間で少しずつ画像が拡大するアニメーションを作成する

1 ［プロジェクト］パネルにサンプルファイル「logo.png」を表示し、タイムラインにドラッグ❶します。配置したクリップの右端をドラッグ❷して長さを5秒間にします。アニメーションを作るときは、あらかじめクリップの長さを決めておくと作業がしやすくなります。

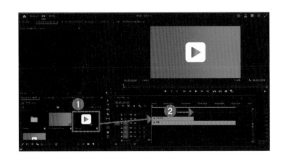

2 再生ヘッドを移動し、アニメーションの開始時点を決めます。タイムコードを利用することで効率良く再生ヘッドを移動させられます。タイムラインのタイムコードをクリックし「100」と入力します❸。

3 「100」と入力することで、再生ヘッド❹が自動で1秒の位置に移動します。再生ヘッドを手動でドラッグして開始位置を決めることもできます。

4 「logo.png」クリップを選択ツールで選択❺し、［エフェクトコントロール］タブをクリック❻します。ロゴ画像❼にアニメーションをつけていきます。

5 ［モーション］でキーフレームアニメーションを作ります。［スケール］のストップウォッチ❽をクリックすると、キーフレームが追加されます。［スケール］が「100」のキーフレームが追加されました。

ポイント

ストップウォッチをクリックすると、再生ヘッドがある位置（時間）にキーフレームが打たれます。また、タイムラインと［エフェクトコントロール］パネルの再生ヘッドは連動しています。

6 タイムラインのタイムコードをクリックし、「300」と入力❾して再生ヘッドを3秒後に移動させましょう❿。この位置がアニメーションの終了時点です。

7 ［スケール］に「120」と入力⓫します。すでにキーフレームがあるため、自動的にキーフレームが追加されます。

キーフレームがすでにある場合は

ひとつでもキーフレームが打たれている場合は、［キーフレーム追加］❶をクリックして追加していくこともできます。

8 ⬆ キーを押します。再生ヘッドがスタート位置に戻ったら、［再生］をクリック⓬して動画を再生してみましょう。

9 ズームアニメーションが入ったことが確認できます⓭。

このように、タイムラインと［エフェクトコントロール］タブを使ってキーフレームアニメーションを作成できます。

キーフレームの移動

1 キーフレームの間隔を調整するには、キーフレームを左右にドラッグ❶します。

2 キーフレームを Ctrl (Macの場合は ⌘) キーを押しながらクリックすると、複数選択できます。
この状態でドラッグ❷すると、**キーフレームの間隔を維持しつつまとめて移動できます。**

3 再生ヘッドを Shift キーを押しながらドラッグ❸すると、**各キーフレームの位置に吸着させて
移動できます。**

4 ◀❹／▶❺を押すことで、**前後のキーフレームに移動できます。**

［エフェクトコントロール］タブの調整

1 プロパティの表示領域と、タイムラインの表示領域の**境界を左右にドラッグ❶**すると、それぞれの領域の大きさを変えられます。

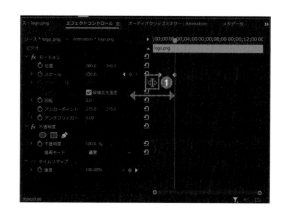

2 キーフレームが選択しづらいときは、［エフェクトコントロール］タブのスクロールバー❷をドラッグして拡大縮小しましょう。

プログラムモニターを使ったスライドアニメーション

1 クリップを選択し、［エフェクトコントロール］タブを表示させます。［モーション］をクリック❶すると、青いパス❷が表示されます。

2 選択ツールで画像クリップをドラッグ❸すると、自由に移動させられます。

プログラムモニター上でクリップを動かすときは、必ず［モーション］を選択してから行いましょう。

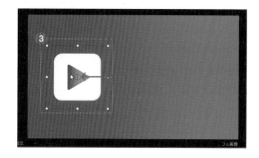

3 プログラムモニターの［設定］をクリック
4 します。

4 表示されるメニューで［プログラムモニ
5 ターをスナップイン］⑤を有効にします。

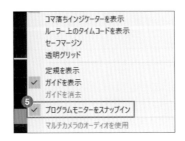

5 モニター上で画像をドラッグ⑥して移動させると、グリッドが表示され、ガイドに沿って吸着
するようになります。

6 再生ヘッド⑦をアニメーションの開始時点（1秒）に移動させ、プログラムモニターから画像⑧
を左側に移動させます。［位置］のストップウォッチをクリック⑨し、キーフレームを追加し
ます。

7 再生ヘッド⑩をアニメーションの終了時点（3秒）に移動させ、画像⑪を右側に移動させます。
アニメーションが有効になっているため、プログラムモニター上から画像を移動させると、自
動的にキーフレームが追加されます。

レッスン

02

logo.png／S6_
L1_L5.prproj

補間法の基本

クオリティを高める
補間法の基本

「補間法」を変更することで、アニメーションに緩急をつけられます。「時間補間法」と「空間補間法」の2種類があり、活用することでアニメーションの質を高められます。

「補間法」でキーフレーム間の動きを設定できる

A地点からB地点へアニメーションを設定すると、一定の速度で移動します。これは、キーフレーム間の動きを決める「補間法」という設定項目が、初期設定で［リニア］になっているためです。補間法を変更することで、速度をなめらかにしたり、動きに緩急をつけたり、動きの軌道を変えたりすることができます。補間法を使いこなすことで、アニメーション全体のクオリティを高められます。補間法を大別すると、速度を変える「時間補間法」と、モーションパスを設定する「空間補間法」の2種類があります。

1　補間法は初期状態では［リニア］になっており、一定の速度で移動します。［位置］のタブをクリック❶することで、速度グラフを確認できます。リニアのアニメーションは、速度が常に一定❷です。

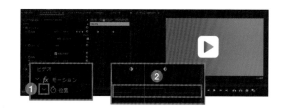

2　補間法を［ベジェ］に変更すると、加速したり減速したり❸できるようになります。

テクニック

なぜ緩急をつける必要があるの?

自然界で物体が動くときには、だんだん動きが早くなったり遅くなったりと、緩急があります。アニメーションにも緩急をつけることで、動きがより自然に見えるようになるのです。

logo.png／S6_
L1_L5.prproj

時間補間法

時間補間法の
種類を知ろう

「時間補間法」は、速度の緩急を変更する補間法です。［エフェクトコント
ロール］タブに追加するキーフレームで設定や確認を行います。

ベジェ

1 変更したいキーフレームを選択し、右ク
リック❶して、表示されるメニューで［時
間補間法］にマウスポインターを合わせて
❷［ベジェ］をクリック❸します。

2 時間補間法が［リニア］から［ベジェ］に変わり、キーフレームのアイコンがひし形❹から砂
時計の形❺に変わります。

3 ［位置］のタブをクリック❻し、Ctrlを押しながらふたつのキーフレームを複数選択します。キーフレームの値の変化をグラフで確認できます。

4 ひとつ目のキーフレームの青いハンドルを下へドラッグ❼します。ひとつ目のキーフレームの速度が遅くなります。

5 ［ベジェ］では、青いハンドル❽を個別に調整できるので、速度を細かく調整するときに使います。グラフが高いほど動きが速くなり、低いほど遅くなります。

テクニック

動きを一定速度に戻したいときは

すべてのキーフレームを選択した状態で、いずれかのキーフレームを右クリック❶します。表示されるメニューで［時間補間法］にマウスポインターを合わせて❷［リニア］をクリック❸しましょう。

自動ベジェ

1 再生ヘッドをドラッグ①して、2つのキー
フレームの間に移動します。［キーフレー
ムを追加］をクリック②してキーフレーム
を追加します。［位置］の縦の数値に任意
の値を入力③します。

2 時間補間法が［リニア］のまま再生する
と、グラフの速度④にほぼ変化はありませ
ん。

3 すべてのキーフレームを選択した状態で、
いずれかのキーフレームを右クリック⑤し
ます。表示されるメニューで［時間補間
法］にマウスポインターを合わせて⑥［自
動ベジェ］をクリック⑦します。

4 再生すると、［自動ベジェ］ではキーフ
レーム間で［位置］の数値が変化⑧しま
す。わずかな違いですが［自動ベジェ］の
ほうがキーフレーム間をなめらかにできま
す。

5 ただし、［ベジェ］ほど大きな速度変化に
はなりません⑨。キーフレームが2つ以上
あって、全体の動きを［リニア］より少し
だけスムーズにしたいときなどに使いま
す。

連続ベジェ

1 すべてのキーフレームを選択した状態で、いずれかのキーフレームを右クリック❶します。表示されるメニューで［時間補間法］にマウスポインターを合わせて❷［連続ベジェ］をクリック❸します。

2 グラフを確認すると、2つ目のキーフレームには**青いハンドルが左右**にある❹ことが確認できます。

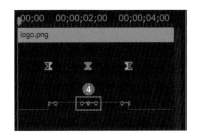

3 2つ目のキーフレームの青いハンドルをドラッグ❺して上へ移動すると、左右両側のグラフが変化します。

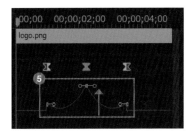

4 ［ベジェ］の場合、ドラッグしたハンドルの側のみ、グラフが変化❻します。速度を合わせたい場合は、もう片方もドラッグする必要があります。

2つ以上のキーフレームを使ったアニメーションで、細かな**緩急の変更**をするときには［連続ベジェ］に設定するといいでしょう。

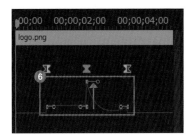

停止

1 [不透明度] に「100」と「0」のキーフレームを交互に 5 つ程度追加**❶**します。すると、フェードのように表示したり消えたりするアニメーションになります。このアニメーションに [時間補間法] の [停止] を適用していきます。

2 すべてのキーフレームを選択した状態で、いずれかのキーフレームを右クリック**❷**します。表示されるメニューで [停止] をクリック**❸**します。

3 停止にすると、キーフレーム間の速度変化がなくなるので、瞬時に値が変わります。瞬時に出たり消えたりする点滅アニメーションが作れます。

4 [停止] は複数のキーフレームがあるときに、一部のキーフレームの速度を止める時間補間法です。信号機のようなアニメーションを作ったり、スケールを使って画像や動画を突然拡大したりと、アイデア次第で面白い動きを作れます。

イーズイン・イーズアウト

1 ［イーズイン］と［イーズアウト］は、決まった形の速度変化を追加します。すべてのキーフレームを選択した状態で、いずれかのキーフレームを右クリック❶します。表示されるメニューで［時間補間法］にマウスポインターを合わせて❷［イーズイン］をクリック❸します。

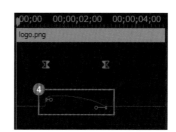

2 ［イーズイン］は、徐々に速度が遅くなる❹時間補間法です。

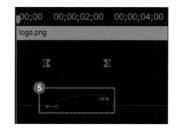

3 同様に［イーズアウト］を適用します。［イーズアウト］は、徐々に速度が速くなる❺時間補間法です。

4 ［ベジェ］と同様、［イーズイン］［イーズアウト］も、青いハンドル❻をドラッグすることで、後からグラフを調整できます。

ポイント

さまざまな補間法がありましたが、速度の緩急を調整するという観点では、［ベジェ］と［イーズイン］［イーズアウト］をまず習得するといいでしょう。時間補間法を活用することで、アニメーションのクオリティが一段階引き上げられます。

空間補間法

空間補間法の
種類を知ろう

「空間補間法」は、空間移動に関する補間法です。プログラムモニター上
のモーションパス（軌道）で確認します。ここでは、その一例を見ていきま
しょう。

アニメーションを作成する

1 ジグザグ上下しながら進行するアニメー
ションを作ります。以下の数値を参考にし
てください。

【位置】1秒ごと
❶キーフレーム1(253(X),540(Y)) ❷キーフレーム2(759,827)
❸キーフレーム3(1079,272) ❹キーフレーム4(1571,540)

2 キーフレームが設定されている場合、[モーション]をクリック❺すると、プログラムモニター
上に、動きの軌道を表すモーションパスが表示❻されます。曲線を描いて移動していることが
わかります。なお、ここではパスを見やすくするために、背景を黒色にしています。

空間補間法を[リニア]に変更する

1 モーションパスを直角に移動させたいときに、**空間補間法
を変更します**。すべてのキーフレームを選択した状態で、
いずれかのキーフレームを右クリック❶します。表示され
るメニューで[空間補間法]にマウスポインターを合わせ
て❷[リニア]をクリック❸します。

2 直線に沿って動くモーションパス❹に変更
できました。

空間補間法を[ベジェ]に変更する

1 すべてのキーフレームを選択した状態で、
いずれかのキーフレームを右クリック❶し
ます。表示されるメニューで［空間補間
法］にマウスポインターを合わせて❷［ベ
ジェ］をクリック❸します。

2 モーションパスに青いハンドルが表示され
ました❹。ハンドルをドラッグして、それ
ぞれのパスの軌道を動かせます。

モーションブラー

モーションブラーで
動きをリアルにしよう

実写の映像には残像（モーションブラー）があり、動きが速ければ速いほど強くなります。アニメーションにモーションブラーを設定する方法を学びましょう。

モーションブラーのつけ方

1 第4章レッスン3を参考に［エフェクト］タブを表示します。エフェクト検索欄に「トランスフォーム」と入力**❶**し、［トランスフォーム］エフェクトを適用**❷**することで、モーションブラーを設定できます。

2 ［エフェクトコントロール］タブで［トランスフォーム］を確認すると**❸**、［モーション］と同じような項目が［トランスフォーム］にもあることがわかります。ここでは、左から右へ移動するスライドアニメーションを作成します。

3 ［トランスフォーム］の［位置］で、I秒間のスライドアニメーションを作成**❹**します。

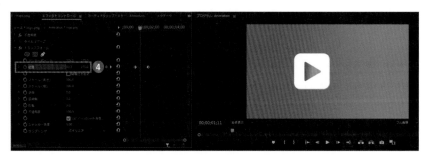

4 ［トランスフォーム］の［シャッター角度］
に「360」と入力**⑤**します。この数値に
よって、モーションブラーの強さが変わり
ます。

5 スライドアニメーションにモーションブラーが設定できました**⑥**。

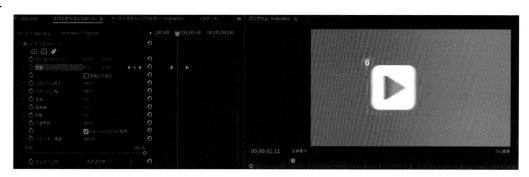

ポイント

［トランスフォーム］エフェクトを活用することで、アニメーションにモーションブラーを追加できます。シンプルな写真スライドショーなど単純なアニメーション作成で活用できます。ただし、テキストやシェイプなど複雑なアニメーション作成では［モーション］の方が行いやすいので、モーションブラーのためだけに、すべてのアニメーションを［トランスフォーム］で作ってしまうと、後々面倒なことになりかねません。基本的には、アニメーションは［モーション］で制作するといいでしょう。

テクニック

もっと高度なアニメーションが作りたい!

Premiere Proはクオリティの高いアニメーションを作ることは可能ですが、より高度なアニメーション制作はAfter Effectsが勝ります。After Effectsではアニメーションのモーションブラーのオンオフが簡単に選べたり、平面的な動きだけでなく、3次元的な動きを作ることもできます。より本格的なアニメーションを作ることができるAfter Effectsが使えるようになることで、希少なスキルを身につけることができます。

イントロ・アウトロ設定

アニメーションに イントロ・アウトロを設定しよう

キーフレームがあるクリップの長さを伸ばしたり縮めたりすると、アニメーションが崩れてしまうことがあります。キーフレームを固定化するイントロ・アウトロ設定を学びます。

イントロ・アウトロ設定の用途

1 タイトルクリップにアニメーションを設定した後にクリップをトリミング❶すると、キーフレームが消えてしまう❷ことがあります。

そんなときに使えるのがイントロ・アウトロ設定です。クリップの長さに関係なく、キーフレームを固定化できます。

イントロ・アウトロ設定の追加

1 イントロ・アウトロ設定は「時間」か「フレーム」で指定します。ここでは**フレームで指定する方法**を見ていきます。タイムラインの時間の表示部分を右クリック❶して、表示されるメニューで［フレーム］をクリック❷します。現在のフレームが表示❸されます。

2 始まりのアニメーションと終わりのアニメーションに、開始と終了の範囲を設定します。［エッセンシャルグラフィックス］パネルの［レスポンシブデザイン-時間］で設定を行います。

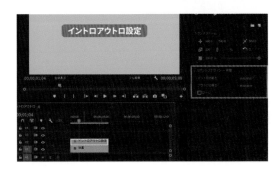

3 ここでは、イントロの範囲をフレームで指定します。インアニメーションは「1秒間」で、現在のシーケンスではフレームに直すと30となるため、[イントロの長さ]に「30」と入力④します。

4 アウトロの範囲をフレームで指定します。アウトアニメーションも「1秒間」なので、[アウトロの長さ]に「30」と入力⑤します。

5 [エフェクトコントロール]タブとクリップにフレームが固定された範囲が表示⑥されました。この範囲内にキーフレームが入っていればいいので、イントロ・アウトロの数値は必ずしも完璧に合わせる必要はありません。

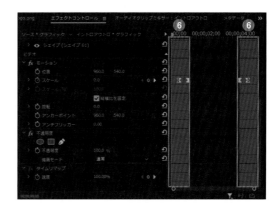

クリップの左端と右端の表示も変わり⑦、イントロ・アウトロ設定が適用されていることがわかります。**クリップをトリミングしても、キーフレームが崩れずにアニメーションが流れます。**

テクニック

アニメーションを再利用するときに便利

イントロ・アウトロ設定は、モーショングラフィックステンプレートに書き出すときにも保存されるため、作成したアニメーションを再利用するときにも便利です。忘れずに設定しておくといいでしょう。

レスポンシブデザイン

レスポンシブデザインを使った
アニメーションを作ろう

ビジネスシーンで使いやすい、座布団の大きさが文字数によって変動するテロップを作成します。［レスポンシブデザイン］の設定を活用することが、このレッスンのポイントです。

レスポンシブデザインの基本

1 ［エッセンシャルグラフィックス］パネルで作成したレイヤーは、［レスポンシブデザイン］❶の設定を行うことで、親レイヤーに子レイヤーが追従するようにできます。追従設定を行うことで、シェイプと一緒に文字を動かしたり、文字数に合わせて座布団の大きさを自動的に変形させることができます。

2 ここでは、座布団（シェイプ）の大きさが自動的に変わる右のようなテロップを作成します。

完成図

タイトルデザインを制作する

1 ［長方形ツール］で、文字の下に配置する横長の長方形のシェイプを作成❶します。［エッセンシャルグラフィックス］パネルの［編集］で以下のように設定❷します。

塗り：有効
塗りの色：FFFFFF
シャドウ：有効
シャドウの色：F39800
距離：26
ブラー：0
角度：135

2 ［横書き文字ツール］で「企業が求める能力とは」というテキストを追加し、以下のように設定❸します。

> フォント：源ノ角ゴシック　JP ※
> フォントスタイル：Heavy
> フォントサイズ：75

> ※Adobe Fonts からのダウンロードが必要

3 2つのレイヤーを整頓します。テキストとシェイプを Shift キーを押しながら複数選択❹します。

4 ［垂直方向に整列］❺と［水平方向に整列］❻をクリックし、テキストとシェイプのバランスを整えます。［垂直方向中央］と［水平方向中央］❼をクリックし、両面の中央に配置します。

> タイトルデザインの完成です。続いて、レスポンシブデザインを使ったアニメーションを作ります。

レスポンシブデザインの設定を行う

1 [エッセンシャルグラフィックス] パネル
で [シェイプ01] をクリック**❶**します。
[レスポンシブデザイン - 位置] の [追従]
の右にあるボックスをクリックし、一覧か
ら [企業が求める能力とは] をクリック**❷**
します。

2 固定するエッジを決めます。ここでは [中
央] をクリック**❸**し、すべてのエッジを固
定します。エッジが有効になると青く点灯
します。点灯しているときはテキストレイ
ヤーにシェイプレイヤーが紐付いており、
テキストレイヤーのすべての変形に連動し
て、シェイプレイヤーも変形します。

キーフレームアニメーションを作成する

1 テキストに対してスライドアニメーション
を作ります。ここでは、[エッセンシャル
グラフィックス] パネルからキーフレーム
を追加していきます。[テキストレイヤー]
を選択**❶**し、アニメーション終了時点に再
生ヘッドを移動**❷**します。[整列と変形]
位置をクリック**❸**して、キーフレームを追
加します。

2 アニメーション開始時点に再生ヘッドを移
動**❹**します。[X軸（横方向）] を右へド
ラッグ**❺**し、画面外へ配置**❻**します。この
とき、プログラムモニターの [ズームレベ
ルを選択] をクリック**❼**して [10%] など
の小さい倍率にしておくと、画面外のどこ
にレイヤーがあるかが一目で確認できま
す。

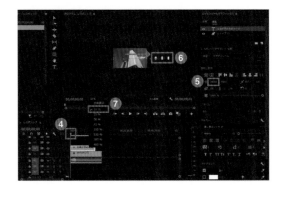

3 ［エフェクトコントロール］タブで、［テキスト（企業が求める能力とは）］にキーフレームが打たれている**8**ことが確認できます。

時間補間法の設定を変更する

1 ［エフェクトコントロール］タブの右下にある［プロパティをフィルター］をクリック**1**し、［キーフレームプロパティのみを表示］をクリック**2**します。アニメーションが適用されている項目のみが表示されるようになります。

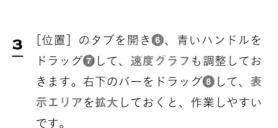

2 すべてのキーフレームを選択し、いずれかのキーフレームを右クリック**3**して、表示されるメニューで［時間補間法］にマウスポインターを合わせて**4**［イーズイン］をクリック**5**します。

3 ［位置］のタブを開き**6**、青いハンドルをドラッグ**7**して、速度グラフも調整しておきます。右下のバーをドラッグ**8**して、表示エリアを拡大しておくと、作業しやすいです。

2つの画面は連動している

［エッセンシャルグラフィックス］パネルと［エフェクトコントロール］タブは連動しています。
追加したレイヤーは、［エフェクトコントロール］タブの［グラフィック］に表示され、各レイヤー
にアニメーションを分けて作成できます。またアニメーションが有効になると、［エッセンシャル
グラフィックス］パネルの各項目のアイコンが青く点灯します。

再生して確認する

1 再生すると、座布団（シェイプ01）とテキストが同時にアニメーションされている❶ことが確認できます。

2 文字を「コミュニケーション能力が高い」に変更してみます。［シェイプ01］が自動で変形し、文字数に応じた形になる❷ことが確認できます。

レスポンシブ設定を使うことで、レイヤー同士をひもづけたアニメーションを作成できます。さまざまなシーンで活用できます。

テキストの配置を中央にそろえておこう

レスポンシブ設定でエッジを固定すると、アニメーションの追従と自動変形を行ってくれます。しかし、テキストの文字数が変わると、アニメーション終了時の位置がズレることがあります。文字数を変更してもレイヤーを中央に配置するには、キーフレームを追加する前に、［テキストを中央揃え］❶と［テキストを垂直方向に中央揃え］❷を設定しておくといいでしょう。

レッスン 08

テンプレート作成

S6_L8.prproj

ポップアップアニメーションの
テンプレートを作ろう

幅広いシーンで活用できるポップアップアニメーションを作り、モーショングラフィックステンプレートとして保存してみましょう。

汎用的なアニメーションをテンプレート化する

右のようなポップアップアニメーションを作成したあと、モーショングラフィックステンプレートとして保存していきます。

座布団付きタイトルを作成する

第5章レッスン4を参考に、以下の設定で座布団付きのタイトルを作成します。

【シェイプ】
塗り：線形グラデーション
カラー分岐点（左）：#FFA72C
カラー分岐点（右）：#CC7700
境界線：10

【テキスト】
フォント：源ノ角ゴシック JP
フォントスタイル：Heavy
フォントサイズ：70
角丸：90　※[角丸]はPremiere Pro betaのみになります。

【シャドウ】
距離：10
サイズ：3.0
ブラー：50

1 ［エッセンシャルグラフィックス］パネルの［編集］タブにある［グループを作成］をクリック❶し、グループフォルダー「グループ01」を作成します。テキストとシェイプレイヤーを「グループ01」にドラッグ❷すると、「グループ01」の中に入ります。

キーフレームアニメーションを追加する

1 ［エフェクトコントロール］タブの［グループ（グループ01）］をクリック**①**します。［スケール］に、1秒以下（12フレーム）で0%から100%になるようキーフレームを追加**②**します。**グループに対してアニメーションを設定すると、グループフォルダーに入っているすべてのレイヤーに適用されます。**

アニメーションに緩急をつける

1 補間法を変更して、ポップアップする動きを作ります。すべてのキーフレームを選択した状態でいずれかのキーフレームを右クリック**①**し、表示されるメニューで［イーズイン］をクリック**②**します。

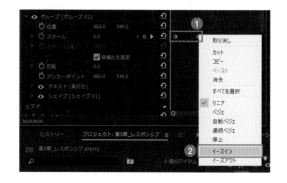

2 ［スケール］のグラフは、**速度**と**値**にわかれています。速度グラフの右ハンドルを左へドラッグ**③**し、緩急を強めます。値グラフの右ハンドルを少しだけ上にドラッグ**④**します。

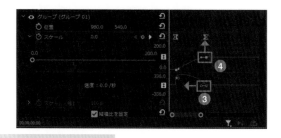

ポイント

速度グラフを基準として先に決めると操作がやりやすくなります。

3 グラフを調整し、アニメーションに緩急をつけられました。

4 値グラフを調整することで、ワンクッショ
ン挟んだポップアップスケールアニメー
ションを作成できます。アニメーションの
間隔を縮めるほど、ポップアップする動き
の勢いがよくなります。

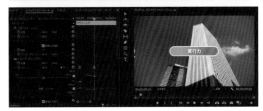

座布団付きタイトルを複製する

1 ［エッセンシャルグラフィックス］パネル
の［編集］タブで、グループを右クリック
①して表示されるメニューで［複製］をク
リック②します。2回複製し、全部で3つの
グループになるようにします。

2 複製した［グループ01］を選択③し、［ト
ランスフォーム]−[Y軸（縦方向）] の数値
をドラッグ④して、位置を変えます。縦3
段階になるようひとつずつ順番に各［グ
ループ01］の配置を調整しましょう。

3 レイヤー階層をわかりやすくするために、各グループ名をクリックして、グループ名を「グループ上」「グループ中」「グループ下」に変更⑤します。真ん中のテキストを「運用体制」、下のテキストを「クリエイティブ」に変更⑥します。

4 各グループは、同じタイミングでアニメーションが設定されているので、上から下へ順番にポップアップするように、「グループ中」と「グループ下」のキーフレームをそれぞれ少しずつずらします⑦。このとき、[エフェクトコントロール]タブの右下にある[プロパティをフィルター]をクリック⑧し、[キーフレームプロパティのみを表示]⑨にしておくと作業がしやすくなります。

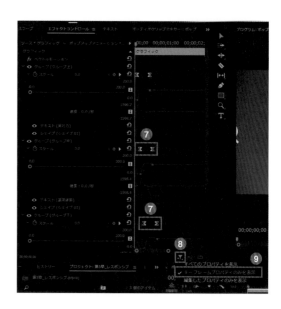

5 3つの要素が上から順にポップアップ表示されるようになりました。

テクニック

‖ レイヤーの中央にあるマークは何？

レイヤー中央にあるターゲットマークをアンカーポイントと呼びます。アンカーポイントはレイヤーの中心点を表し、中心点を基点にすべてのアニメーションが行われます。アンカーポイントの中心にマウスポインターを合わせると、アイコンが変わります。クリックしてドラッグすると、中心点を移動させられます。

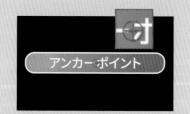

テンプレートとして保存する

1 イントロ・アウトロ設定を行います。ク
リップを選択し、［エッセンシャルグラ
フィックス］パネルの［レスポンシブデザ
イン-時間］から［イントロの長さ］に任
意の値を入力**①**し、**キーフレームを固定化
する範囲**を決めます。

2 クリップを右クリック**②**し、表示されるメ
ニューで［モーショングラフィックステン
プレートとして書き出し］をクリック**③**し
ます。

3 テンプレート名を入力**④**し、［OK］をク
リック**⑤**します。

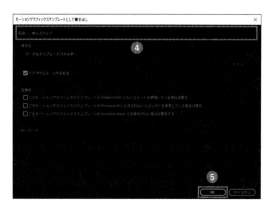

4 書き出し進行のウィンドウが表示されま
す。

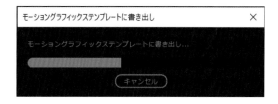

5 書き出したテンプレートは［エッセンシャ
ルグラフィックス］パネルの［参照］タブ
にある［マイテンプレート］に保存されま
す。検索欄にテンプレート名を入力⑥する
と表示され、ドラッグ＆ドロップで再配置
⑦できます。

テキストやフォントは**自由に**変更できま
す。自分で作ったタイトルアニメーション
を何度でも**再利用**できます。

モーショングラフィックステンプレートに
保存したアニメーションは、**ほかのプロ
ジェクトファイル**を開いたときにも利用で
きます。

レッスン

09

テンプレートのダウンロード

モーショングラフィックス
テンプレートを利用しよう

モーショングラフィックステンプレートは、ダウンロードして利用することも
できます。Adobe Stockのサイトにログインして、操作を行いましょう。

Adobe Stockのサイトについて

Adobe Stockのサイト（https://stock.adobe.com/jp/）では、テンプレート以外にも動画素材全般
をダウンロードしたり、購入して使用したりすることができます。ロイヤリティフリー素材は、
使用条件に沿えば**商用利用も可能**です。**使用条件**は素材によって異なるため、サイト上で**確認**
してください。Webブラウザーで Adobe Stockのサイトにアクセスしたらまず、Adobe IDで**ログ
イン**しておきます。

Adobe Stockテンプレートのダウンロード方法

1 Adobe Stockの［テンプレート］をクリッ
ク❶します。表示されるページで［モー
ショングラフィックステンプレート］❷を
クリックします。

※ Adobeの契約プランによって、Adobe
Stockで利用できる範囲が異なります。

2 ［価格］で［通常アセット］**❸**にチェック
マークをつけます。［通常アセット］は、
Adobe CC加入者であれば**無料**です。［ア
プリケーション］で［Premiere Pro］**❹**に
チェックマークをつけます。

3 一覧から気に入ったテンプレートが見つ
かったら、テンプレートのサムネイルにマ
ウスポインターを合わせて［ライセンスを
取得］をクリック**❺**します。

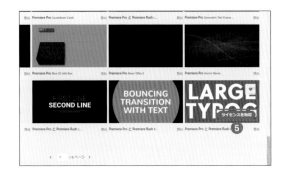

4 ライセンス認証されて保存されたテンプ
レートを確認するには、ページ上部にある
［マイライブラリ］をクリック**❻**して、［す
べて表示］をクリック**❼**します。

5 ライブラリが一覧表示されます。［ライセンスを取得］をクリックしたテンプレートが保存さ
れている**❽**ことが確認できます。

Adobe Stockテンプレートのダウンロード方法

1 Premiere Proに戻り、[エッセンシャルグラフィックス]パネルの[参照]タブで[マイテンプレート]をクリック❶し、[ライブラリ]❷にチェックマークを入れると、Adobe Stockで保存したテンプレートが表示されます。

ほかのテンプレートと同じように、タイムラインへドラッグ❸すると配置できます。

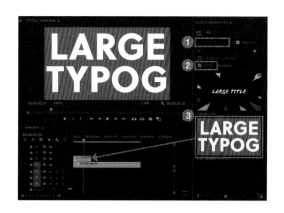

2 [エッセンシャルグラフィックス]パネルの[編集]タブ❹からカスタムすることもできます。

テクニック

Adobe Stockは利用価値が高い

Adobe Stockにはテンプレート以外にも多くのロイヤリティフリー素材が用意されています。動画や画像イラスト、オーディオなど、動画編集に必要な素材をダウンロードできます。また素材は無料のものも多いため、とても便利な機能です。Adobe Creative Cloudを契約していれば、Adobe Stockの一部利用も含まれているので、使用条件に留意しつつ、積極的に活用するといいでしょう。

企業の動画制作内製化 撮影編

最近社内でインターネット広告動画や社内研修動画の作成を内製化し始める企業が増えています。

では、いざ会社で突然動画を作ってほしいと言われたら、何から準備したらいいのでしょうか?

まず撮影が必要な場合は、現行のiPhoneで十分高画質な映像が撮れます。音をきちんと拾うためのマイク(ピンマイクorイヤホンマイク)さえあれば、すぐにでも撮影が始められます。

気をつけるべき点をあげるとすれば、「横向き撮影・フルHD」で撮ること。特にスマホで撮影する場合、縦向きで撮ると、フルHDで編集したとき、左右が黒くなってしまいます。目的が縦動画であれば、もちろん問題ありませんが、意図しない場合は基本的に「横向きで撮る」ということを覚えておきましょう。

撮影時には手ブレがなるべく起きないよう、三脚や一脚を使用すると良いでしょう。動きながら撮影する場合は、ジンバルを使って、不要な手ブレはおさえましょう。

音もきちんと録れているか、忘れずに確認してください。

そして、さらに編集を意識するのなら、カット編集をしやすくするため、動画の前後に数秒余白をつけたり、編集点を作っておいたり(カチンコ代わりの手拍子)することをおすすめします。

また、始めたてのころに甘く見がちなのは、撮影する場所の明るさです。十分な明るさがあれば問題ありませんが、油断すると、いざ編集するときに暗く感じことが多いです。できれば照明を用意し、より明るく撮影することで、キレイな動画を撮りやすくなります。

あとは、撮影中に、余計なモノを映さないことです。関係のない人物など、モザイク処理をつけるのも大変ですので、画角や撮影背景はしっかり確認したうえで、撮影しましょう。

いきなり完璧にやろうとすると疲れてしまうので、とにかくまずは、手ブレと音声の2点を意識して撮影に挑めば、大きな問題は起きにくくなるでしょう。

第 **7** 章

よく使われる
厳選エフェクト

Premiere Proには多数の標準エフェクトが搭載されています。その中でもよく使うエフェクトを動画に活用する方法を見ていきましょう。企業VPやYouTubeなど、さまざまな場面で役立てられます。

1 モザイクをかけて自動追従させよう ——————— 164

2 ワープスタビライザーで手ブレを抑えよう ——————— 170

3 クロップで画面をトリミングしよう ——————— 173

4 動画を水平や垂直に反転させよう ——————— 179

5 Ultraキーでクロマキー合成に挑戦しよう ——————— 181

6 トラックマットキーで文字と動画を合成しよう ——————— 188

7 エッセンシャルグラフィックスで文字と動画を合成しよう — 192

8 基本3Dで動画素材を立体的に見せよう ——————— 198

9 映像をモノクロにしよう ——————— 200

モザイク

モザイクをかけて自動追従させよう

写しくたくない映像の一部をモザイクで隠せます。また自動追従機能を使うことで、動く被写体を追いかけるようにモザイクをかけられます。

モザイクをかけて自動追従させよう

サンプルファイル「S7_01.mp4」を使用します。人物が右から左へ横切る映像です。この人物の顔にモザイクをかけて追従させます。

[モザイク]のエフェクトを適用する

1　[エフェクト]パネルで[ビデオエフェクト]❶-[スタイライズ]❷の順にクリックします。[モザイク]をクリップにドラッグ❸して、適用します。

2　[エフェクトコントロール]タブに[モザイク]が追加され、**画面全体にモザイクがかかりました**。各項目を調整します。以下の数値を参考にしてください。

【モザイク】❹
水平ブロック：50
垂直ブロック：50

[モザイク]の範囲を指定する

1
　[モザイク]の[楕円形マスクの作成]をクリック❶します。**モザイクが楕円形の範囲のみに**適用されます。こうした適用範囲のことを「**マスク**」といい、一部のエフェクトはマスクの形に沿って適用できます。[長方形マスク]や、自由な形を作れる[ペンマスク]もあります。必要に応じて使い分けましょう。

2
　右側から人物の顔が出てくる「00:00:00:28」の位置に再生ヘッドを移動❷します。ここが**モザイク追従の開始時点**になります。[マスク(1)]をクリック❸し、プログラムモニター上でモザイクにマウスポインターを合わせます。マウスポインターが手の形になったら、**人物の顔にドラッグ**❹して移動させます。

3
　青いパスの4点あるポイントをそれぞれ動かすことで、**マスクパスの形を変形**させられます。円が大きすぎると追従されにくくなるため、顔がちょうど隠れるように小さめに変形❺しましょう。被写体によりますが、モザイク対象と周囲の色のコントラストが高いほど、追従しやすくなります。

自動追従を設定する

1 ［マスク（1）］をクリック①し、［マスクパス］を表示します。今回のように画面外から人物が登場する場合には、人物とマスクパスが画面内に入るまでは手動で追従の設定を行います。顔全体が映像に出てくるまで、［**選択したマスクを1フレーム順方向にトラック**］を何度かクリック②し、1フレームずつ追従の設定を行います。

2 ［選択したマスクを1フレーム順方向にトラック］を押すと、キーフレームがひとつずつ追加されていきます。目安として、「00:00:00:28」から「00:00:01:04」まではこの方法で追従設定を行います。

3 顔とマスクパスが画面内に入ったら、［**選択したマスクを順方向にトラック**］をクリック③します。現在モザイクがかかっている範囲に自動で追従するように設定できます。

4 人物にモザイクが追従するように自動で設定されます。

5 しかし、**自動追従はうまくいかないケースもあります**。このサンプルでは、途中でトラッキングがはずれてしまい、マスクパスが追従しなくなってしまいます④。

6 そんなときは、1フレームずつ確認していきます。自動トラッキングが失敗した時間以降のキーフレームをすべて選択し、[Delete]キーを押して削除⑤します。

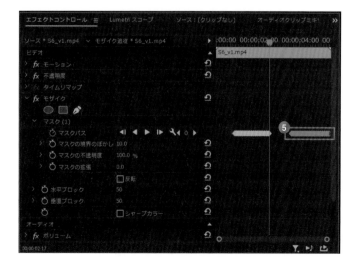

トラッキングがはずれた箇所を修正する

1 キーフレームを削除したら、再度プログラムモニターのマスクパスが顔に合うようにドラッグ❶して調整します。［選択したマスクを1フレーム順方向にトラック］をクリック❷して、手動で追従設定を行います。

2 または、トラッキングがはずれた箇所で**クリップ**を**カット**❸します。同時に**マスクパスも分割**されます。キーフレームがある場合はすべて削除します。分割したクリップをクリックして、プログラムモニターのマスクパスが顔に合うようにドラッグ❹して調整します。自動追従か手動追従の設定を行います。

3 モザイクが人物の顔に自動追従するようになりました。

マスクパスの自動追従は便利な機能ですが、完璧ではありません。一発で成功することは少なく、細かい微調整を手作業で行うことが多いです。しかし、マスク関連の編集は、動画制作を行っていく上で大切なスキルです。After Effectsでも応用できるため、何度も練習して理解を深めていきましょう。

テクニック

調整レイヤーを活用しよう

「調整レイヤー」とは、透明のクリップのようなもので、エフェクトを扱う上で大切な要素となります。［ファイル］－［新規］－［調整レイヤー］から追加できます。エフェクトをビデオクリップに適用するのではなく、調整レイヤーに適用することで、［調整レイヤー］の下にあるすべてのクリップに同じエフェクトを適用できます。複数のクリップを扱うカラー補正やエフェクトなどを、クリップとして独立させて配置したいときなどに活用できます。

レッスン

02

S7_02.mp4／
S7_L2.prproj

ワープスタビライザー

ワープスタビライザーで手ブレを抑えよう

三脚などを使わずに撮影すると、手ブレが発生してしまうことがあります。
動画素材の手ブレを軽減できるエフェクトについて学びましょう。

エフェクトで手ブレを補正できる

サンプルファイル「S7_02.mp4」は手持ちカメラで撮影しており、ブレがあります。映像に多少の手ブレがあっても、エフェクトで補正できます。

[ワープスタビライザー]のエフェクトを適用する

1 [エフェクト] パネルで [ビデオエフェクト] ❶ー[ディストーション] ❷の順にクリックします。[ワープスタビライザー] をクリップにドラッグ❸して適用します。

2 ワープスタビライザーを適用すると、即座に分析が開始され、**自動で補正**をかけられます。

3 しかし、**補正の強さ**によっては、**映像が歪んでしまう**ことがあります。そういった場合は［スタビライズ］の設定を調整することで、自然な映像にできます。

スタビライズの設定を変更する

1 ［エフェクトコントロール］タブに追加された［ワープスタビライザー］の［スタビライズ］をクリック❶し、［滑らかさ］に「30」と入力❷します。**数値を変更**すると、**再分析**が開始されます。

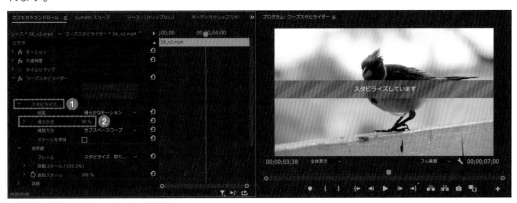

【スタビライズ】❶
滑らかさ：30%

2 補正が調整され、映像がより
自然になりました。

手ブレをゼロにする

1 ［スタビライズ］の［結果］の右のボックスをクリックして、一覧から［モーションなし］を
選択**❶**すると、三脚固定のように手ブレをゼロにできます。しかし、手持ちカメラで撮影した
映像は少なからず揺れがあるため、強力な補正を加えるほど映像が大きく歪みます。手ブレが
ほとんどない場合などは［モーションなし］が有効ですが、**基本的には［結果］は［滑らかな
モーション］**に設定して調整を行うといいでしょう。

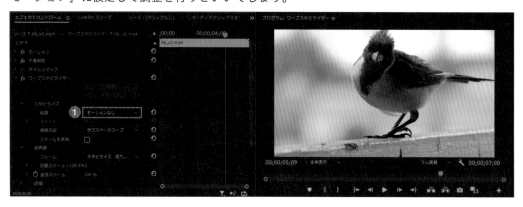

ポイント

［ワープスタビライザー］エフェクトは活躍してくれる場面が多いかと思います。ただし、ブ
レが激しすぎると、ワープスタビライザーでも補正が難しいです。手ブレの少ない動画を作り
たいときは、撮影段階で三脚や一脚、ジンバルを使うなど、あらかじめ対策したうえで動画を
撮影しましょう。その上で［ワープスタビライザー］を使うことで映像がプロっぽい仕上がり
になります。

レッスン

03

S7_03_A.mp4／
S7_03_B.mp4／
S7_L3.prproj

クロップ

クロップで画面を
トリミングしよう

複数の映像をひとつの画面に出したいときは、画面分割を行います。画面分割にはいくつかの方法がありますが、その中でも簡単に分割できるエフェクトを学びましょう。

クロップで画面分割しよう

ビデオトラック1(V1)にサンプルファイル「S7_03_A.mp4」、ビデオトラック2(V2)にサンプルファイル「S7_03_B.mp4」を重ねてタイムラインに配置❶します。

[クロップ]のエフェクトを適用する

1 [エフェクト]パネルで[ビデオエフェクト]❶ー[トランスフォーム]❷の順にクリックし、[クロップ]を2つのクリップにドラッグ❸して適用します。

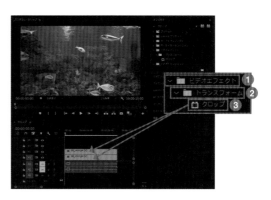

2 ビデオトラック2に配置している「S7_03_B.mp4」をクリックして[エフェクトコントロール]タブの[クロップ]をクリック❹します。[右]に「50」と入力❺します。

【クロップ】❹
右：50.0%

173

3 画面を縦半分に分割できまし
た。しかし、映像の見せたい
部分がもう一方の動画に隠れ
て、映し出されていないとき
があります。

[クロップ]の設定を変更する

1 そんなときは、クロップの左右の数値を調整します。「S7_03_B.mp4」では大きな魚が登場しま
す。魚を中央に見せたいので、[左]に「10」❶、[右]に「40」❷と入力します。2つのクロッ
プを均等に分割するには、**左右の合計が50%**になるように調整します。

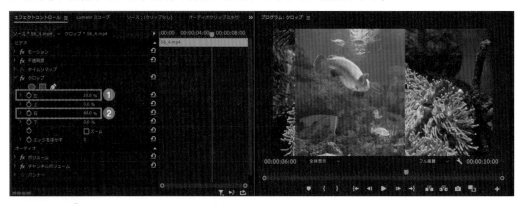

【クロップ】❶
左：10.0%
右：40.0%

2 [モーション]を開き❸、[位置]のX軸をドラッグしてクリップを左端に移動させます。ここ
では「768.0」❹と入力すると左端にピッタリつきます。

174

3 ビデオトラック1(V1)に配置して
いる「S7_03_A.mp4」も同じ手順で
調整しましょう。このとき、タイ
ムラインのビデオトラック2(V2)
の目隠しマークをクリック**5**すれば、
ビデオトラック1(V1)のみモニター
に表示できます。

4 左右の合計が50％になるよう見せたい場所を調整します。ここでは[左]に「40」**6**、[右]に
「10」**7**と入力します。

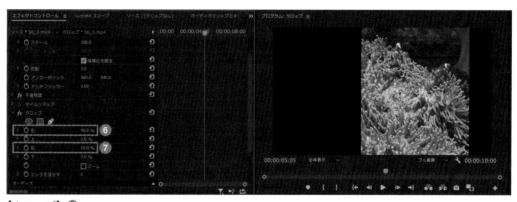

【クロップ】**6**
左：40.0%
右：10.0%

5 [モーション]を開き**8**、[位置]のX軸をドラッグしてクリップを右端に移動させます。ここ
では「1152.0」**9**と入力すると右端にピッタリつきます。

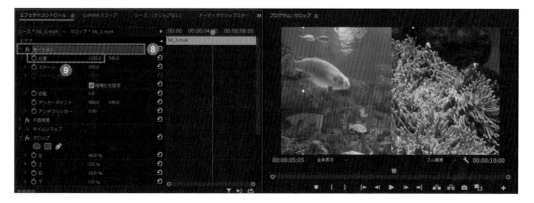

分割の境界線を作成する

1　画面分割の境界線も作ります。ペンツールで、プログラムモニターの中央上❶をクリックします。Shift キーを押しながら中央下をクリック❷します。縦線のシェイプが追加されます。

2　もし線が表示されない場合は、[エフェクトコントロール]タブの[シェイプ（シェイプ01）]をクリック❸します。[アピアランス]をクリックして[塗り]のチェックマークをはずし❹、[境界線]を有効化します❺。右にある入力欄に「15」と入力❻すると、太さを調整できます。

3　画面分割の境目にシェイプを入れることで、よりスタイリッシュな印象になりました。

リニアワイプを適用する

1 ［クロップ］は垂直水平の分割でしたが、
［リニアワイプ］では斜めに分割できます。

2 ［エフェクト］パネルで［ビデオエフェクト］❶－［トランジション］❷の順にクリックし、［リニアワイプ］をビデオトラック2（V2）のクリップにドラッグ❸して適用します。

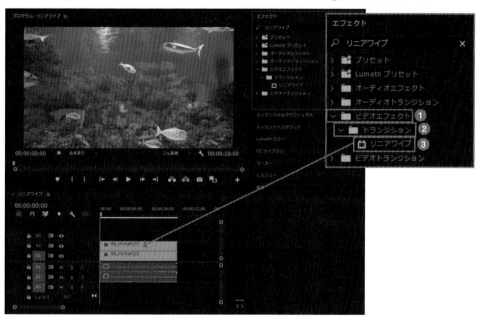

3 ［エフェクトコントロール］タブの［リニアワイプ］をクリック❹します。［変換終了］に「50」
❺、［ワイプ角度］に「151」❻と入力します。

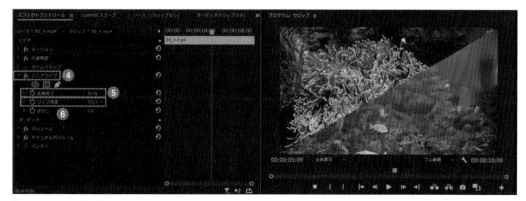

【リニアワイプ】❹
変換終了：50.0%
ワイプ角度：151.0%

4 ペンツールでプログラムモニターの右斜上をクリック**7**し、[Shift]キーを押しながら左斜下を
クリック**8**します。[境界線]を有効化し**9**、右にある入力欄に「15」と入力**10**します。

[クロップ]は見せたい部分を垂直
水平に分割したいとき、[リニアワ
イプ]は斜めに分割したいとき、
といったように、状況に応じて2つ
の分割方法を使い分けるといいで
しょう。

テクニック

リニアワイプは位置の調整に注意!

[リニアワイプ]の場合、[クロップ]とは違い[モーション]で[位置]の数値を変えると、分割
されたまま移動してしまいます。注意しましょう。

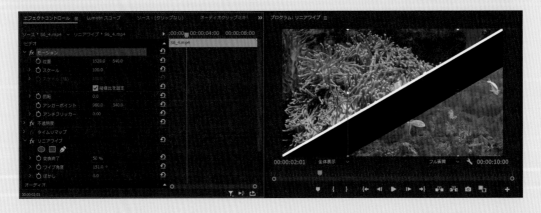

水平反転・垂直反転

動画を水平や垂直に反転させよう

使用したい映像の向きを後から変えたくなることがあります。そんなときは、[水平反転]や[垂直反転]のエフェクトを利用するといいでしょう。エフェクトを適用するだけで、簡単に上下左右を反転させられます。

‖ [水平反転]のエフェクトを適用する

1 [エフェクト]パネルで[ビデオエフェクト]❶ー[トランスフォーム]❷の順にクリックし、[水平反転]をクリップにドラッグ❸して適用します。

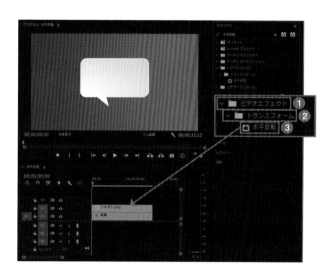

2 クリップは即座に左右に反転します。

[垂直反転]のエフェクトを
適用する

1 ［エフェクト］パネルで［ビデオエフェク
ト］**①**ー［トランスフォーム］**②**の順にク
リックし、［垂直反転］をクリップにド
ラッグ**③**して適用します。

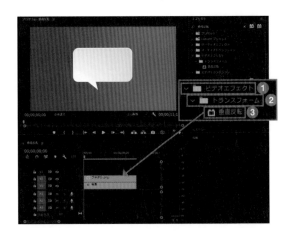

2 クリップは即座に**上下に反転**します。

両方のエフェクトを適用する

1 ［水平反転］［垂直反転］の両方を適用すると、**上下左右が反転**します。

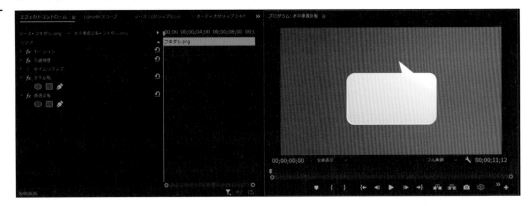

［水平反転］と［垂直反転］のエフェクトは、動画に限らず、イラストやグラフィックの向き
を変えるときなどにも使えます。シンプルですが、知っているといざというときに便利なエ
フェクトです。

レッスン

ページURLより
ダウンロード／
bg.mp4／S7_
L5.prproj

Ultraキー

Ultraキーでクロマキー合成に挑戦しよう

グリーンスクリーン（緑色の背景）で撮影した映像の緑色を透明にし、ほかの素材と組合わせることでクロマキー合成動画を作成できます。動画編集の醍醐味でもあるエフェクトです。

Ultraキーを使ってみよう

「クロマキー」とは、動画内のある特定の色を透明にすることで、Premiere Proでは［Ultraキー］エフェクトで実現できます。動画素材の色ははっきりとした緑または青が望ましいです。［Ultraキー］では細かい調整も行えるので、キレイに合成させるポイントを押さえていきましょう。

このレッスンで使用する動画素材は、2021年12月現在では以下のURLからダウンロードできます。ダウンロードした動画ファイルをプロジェクトファイルに新しく読み込んでご利用ください。

動画素材のURL

https://www.videvo.net/video/cu-businesswoman-sendingemail-on-phone-with-green-screen/463928/

［Ultraキー］のエフェクトを適用する

1 ビデオトラック1（V1）に背景素材❶、ビデオトラック2（V2）にグリーンスクリーン動画❷を配置します。グリーンスクリーン動画は背景動画の上に配置します。

2 ［エフェクト］パネルで［ビデオエフェク
　 ト］**③**ー［キーイング］**④**の順にクリック
　 し、［Ultra キー］をグリーンスクリーン動
　 画のクリップにドラッグ**⑤**して適用しま
　 す。

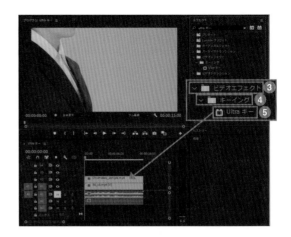

透過させたい色を指定する

1 エフェクトパネルで［Ultra キー］をク
　 リック**①**し、［キーカラー］の［スポイト］
　 をクリック**②**します。プログラムモニター
　 上で抜きたい色（ここでは背景の緑色）を
　 抽出していきます。

2 グリーンスクリーン動画の緑色の中でも明
　 るく、彩度の高い部分をクリック**③**しま
　 す。撮影時の照明によって明るさにムラが
　 できることがあるため、このような場所を
　 選ぶことで、正確に色抜きがしやすくなり
　 ます。

3 スポイトで抽出した色が除去され透明になりました。グリーンスクリーン動画の被写体のみ映像に残り、ビデオトラックⅠ(V1)に配置している動画が背景として表示されます。

4 クロマキー合成を行えましたが、よく見ると、一部の映像にムラが出ています④。

アルファチャンネルで透過のムラをなくす

1 [出力]の右のボックスをクリックし、一覧から[アルファチャンネル]をクリック①します。モニター画面がモノクロになり、除去できていない部分を確認できます。透明の部分が黒色、色が残っている部分が白色に表示されます。アルファチャンネルを使うことで、透過加減がわかりやすくなります。クロマキー合成の精度を高めるために各調整項目を確認していきましょう。

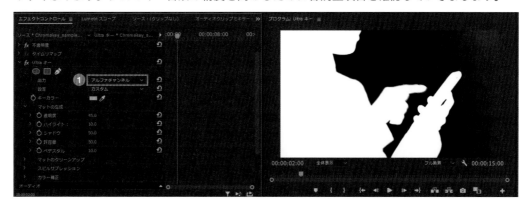

●[Ultra キー]の主な項目と役割

項目	説明	有効な出力
マットの生成		
透明度	背景をキーイングしたときの動画全体の透明度を調整します。100にすると透明度（色抜き）が強くなりますが、被写体にも影響します。	アルファチャンネル
ハイライト	明るい領域の不透明度を調整します。透明度が強いときに有効です。	アルファチャンネル
シャドウ	暗い領域の不透明度を調整します。透明度が中〜弱いときに有効です。	アルファチャンネル
許容度	選択したカラー（緑や青）の範囲を調整します。色抜きしやすい動画は、許容度を調整するだけでもキレイになります。	アルファチャンネル
ペデスタル	アルファチャンネルからノイズを除去し、光量の低い素材のキーを改善します。主に明るさのムラを軽減します。	アルファチャンネル
マットのクリーンアップ		
チョーク	被写体とアルファチャンネルマットのサイズを縮小します。	コンポジット／アルファチャンネル
柔らかく	被写体とアルファチャンネルマットのエッジをぼかします。	コンポジット／アルファチャンネル
スピルサプレッション		
彩度を下げる	ピクセルから完全な透明に近いカラーを除去します。金髪など明るいカラー周辺の調整に役立ちます。	コンポジット／カラーチャンネル
範囲	補正するスピルカラー量をコントロール。	コンポジット／カラーチャンネル

2 ほかにも細かい調整項目がありますが、すべてを調整せずとも精度を高められます。ここでは［マットの生成］と［マットのクリーンアップ］を使って調整していきます。［出力］の［アルファチャンネル］と［コンポジット］とを切り替えながら確認していきます。

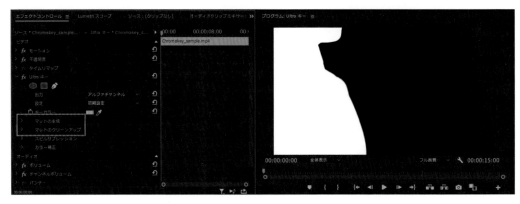

3　［マットの生成］を調整し、動画の右側にあるムラを軽減します。各項目の数値は以下を参考にしてください。動画の右側にあったムラが消えます。

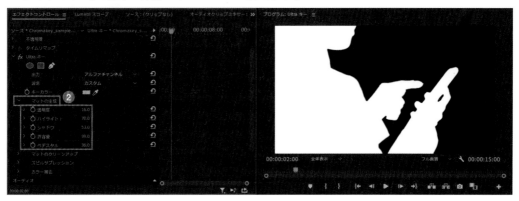

【マットの生成】 ❷
透明度：16.0
ハイライト：70.0
シャドウ：53.0
許容度：89.0
ペデスタル：36.0

境界線をなめらかにする

1　［出力］を［コンポジット］に切り換えます。被写体の境界面をなめらかにします。各項目の数値は以下を参考にしてください。

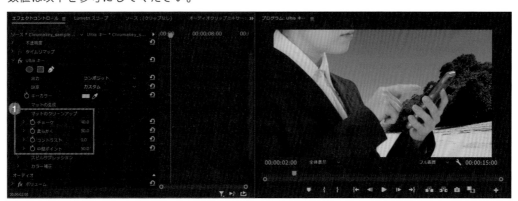

【マットのクリーンアップ】 ❶
チョーク：40.0
柔らかく：50.0
コントラスト：0.0
中間ポイント：50.0

2　顔の輪郭部分の境界面がすっきりしました。［チョーク］の数値を大きくしすぎると、被写体の周りが大きく削れてしまい不自然になってしまうので、ほどよく上げることがポイントです。動画を再生してみて、全体のバランスが整っていれば、クロマキー合成の完成です。

クロマキー合成の小技

1 [Ultra キー] を適用する前に、グ
リーンスクリーン動画の使う範囲
だけを**マスクで切り抜く**ことで、
調整がしやすくなります。被写体
がマスク内に収まっている場合に
限ります。

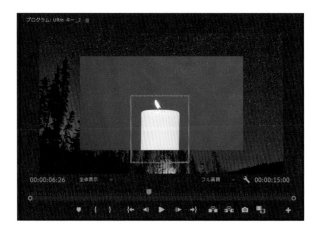

2 動画クリップを選択した状態で、[エフェクトコントロール] タブの [不透明度] をクリック
①し、[ペンツール] をクリック**②**します。必要な範囲の周囲を囲む4点をクリック**③**します。

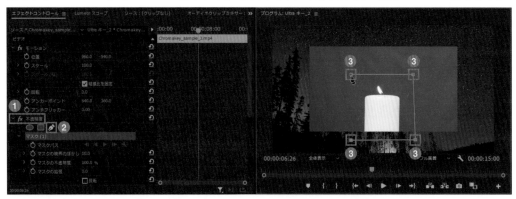

3 [ペンツール] ではマスクパスの点と点をつなぐことで、自由な形で切り抜けます。

4 マスクで必要箇所を切り抜いたら、[Ultra キー] を適用し、クロマキー合成を行います。

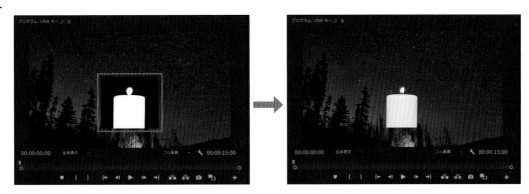

5 ほかの動画クリップと同じように、[モーション] をクリックして [位置] や [スケール] の
数値を変更することで、好きな場所に配置できます。

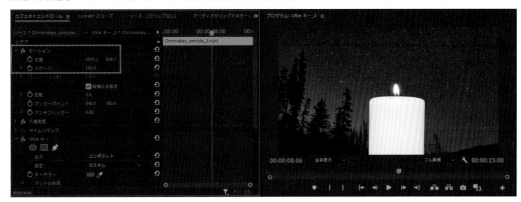

先にマスクを使うことで無駄な作業を極力なくして、効率的に合成できます。クロマキー合成
は社内研修動画や講義動画、ゲーム実況など多方面で使えます。ハリウッド映画では、プロ集
団が最適な撮影環境と高度なクロマキー合成技術ですごい映像を作り出しています。幅広い動
画を作れるエフェクトなので、ぜひチャレンジしてみてください。

ポイント

[Ultra キー] には多くの調整項目がありますが、素材によってどこを調整すべきかは異なりま
す。[マット生成] と [マットのクリーンアップ] をベースに、少しずつ変更しては適用前後を
比較して、キレイなクロマキー合成を目指しましょう。

レッスン

06

ページURLよりダ
ウンロード／S7_
L6.prproj

トラックマットキー

トラックマットキーで
文字と動画を合成しよう

トラックマットキーを使うことで、さまざまな形の図形に沿って切り抜いた
り、文字と動画を合成することで、文字の中に動画を表示できます。

トラックマットキーを使って
映像に枠をつける

トラックマットキーで好きな素材を使って
映像の枠を作成できます。

テクスチャ画像を配置する

1 第6章レッスン9を参
考に、Adobe Stockで
「テクスチャ」と検索
①して無料素材画像
をダウンロードして
利用します。

使用画像「Natural wood texture, brown surface of a wooden table」
※プロジェクトに新規に読み込んでご利用ください。

2 枠にしたいテクスチャ画像を［プロジェクト］パネルからタイムラインのビデオトラック2(V2)に
ドラッグ②して配置します。後で動画を配置するので、ビデオトラック1(V1)は空けておきます。

［トラックマットキー］の
エフェクトを適用する

1　［長方形ツール］を選択し、プログラムモ
ニターで**四角形のシェイプを作成❶**しま
す。この図形の中に映像が表示されます。
この時点でのトラック配置は以下のように
なります。

V1：ビデオトラック1→空き
V2：ビデオトラック2→画像クリップ
V3：ビデオトラック3→図形クリップ

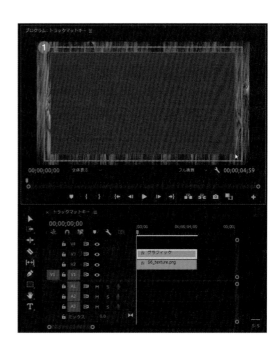

2　［エフェクト］パネルで［ビデオエフェク
ト］**❷**ー［キーイング］**❸**の順にクリック
し、［トラックマットキー］を画像クリッ
プにドラッグ**❹**して適用します。

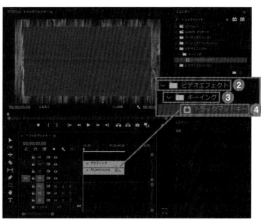

3　素材クリップをクリックして
選択し、［エフェクトコント
ロール］タブから［トラック
マットキー］の設定を行いま
す。

【トラックマットキー】**❺**
マット：ビデオ3
反転：有効

4 モニターの一部が、図形の形に透明になりました。ここではわかりやすくするために、透明グリッドを有効にしています（透明グリッドはプログラムモニターの［設定］から有効にできます）。

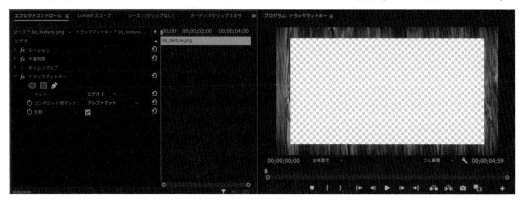

［放射状シャドウ］のエフェクトを適用する

1 奥行き感が出るように、エフェクトを追加します。［エフェクト］パネルで［ビデオエフェクト］**①**－［旧バージョン］**②**の順にクリックし、［放射状シャドウ］を画像クリップにドラッグ**③**して適用します。［不透明度］を「100」、［光源］を「480.0、270.0」、［投影距離］を「0.0」、［柔らかさ］を「100.0」に設定**④**します。シャドウを濃くするために、同じエフェクトをもう一度適用**⑤**します。

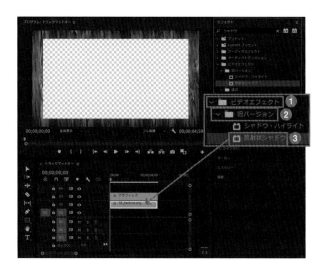

【放射状シャドウ】**④**
不透明度：100% 　投影距離：0.0
光源：480.0/270.0 　柔らかさ：100.0

※旧バージョンエフェクトは、Premiere Proのバージョンにより有無が異なります。

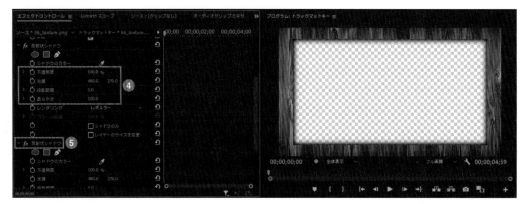

2 好きな動画をビデオトラック1（V1）に配置すれば完成です。映像に枠が付き、内側に放射状シャドウを加えることで、**額縁の中にモニター**があるような見え方になりました。

3 例えば**紙芝居**のような動画を作るときは、トラックマットキーを使うことで雰囲気のあるものにできます。

なお、**トラックの順番を変えてしまう**と、トラックマットキーがはずれてしまいます。注意しましょう。

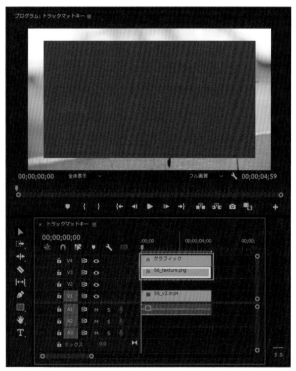

エッセンシャルグラフィックスによる合成

エッセンシャルグラフィックスで 文字と動画を合成しよう

トラックマットキーと同じ効果を［エッセンシャルグラフィックス］パネルで 作成できます。ここでは、文字の中にビデオを入れていきます。

［エッセンシャルグラフィックス］ パネルでもできる

［エッセンシャルグラフィックス］パネル でも、動画に枠をつけられます。トラック マットキーとは異なり、ひとつのクリップ の中にテキストと動画の要素が入っている ため、ビデオトラックを自由に移動して も、合成が維持されるのが利点です。

1 第6章レッスン9を参考に、Adobe Stock で「水」と検索 ① して無料素 材動画をダウンロードして利用し ます。

> 使用動画「Beautiful water surface」
> ※プロジェクトに新規に読み込んでご利用ください。

文字を入力する

1 ［横書き文字ツール］でプログラムモニターに 「水」と入力 ①し、以下の設定を加えます。

> フォント：A-OTF　楷書MCBKI　Pro
> フォントスタイル：MCBKI
> フォントサイズ：700
> 塗り：FFFFFF

動画を読み込む

1 ［エッセンシャルグラフィックス］パネル
の［編集］タブをクリック❶し、［新規レ
イヤー］❷から［ファイルから］をクリッ
ク❸します。

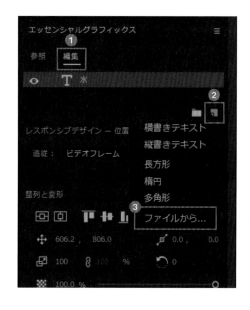

2 Adobe Stockでダウンロードした無料動画
素材を選択して［開く］をクリック❹しま
す。

3 テキストのレイヤーの上に動画クリップの
レイヤーがある場合は、**動画クリップを下
へドラッグ❺**して、レイヤーの順番を変え
ます。

ドラッグ&ドロップで直接配置できる

動画素材は、[プロジェクト] パネルから [エッセンシャルグラフィックス] パネルの [編集] タブへドラッグ❶することで、直接配置できます。

動画を文字の形にする

1 [編集] タブでテキストのレイヤーをクリック❶して選択します。アピアランスの [テキストでマスク] をクリック❷してチェックマークを入れます。

2 文字の中に動画が表示されました。

3 トラックマットキーとは異なり、ビデオトラックをドラッグ❸して移動しても合成は維持されます。

背景と装飾を追加する

1 メニューの［ファイル］をクリック❶します。［新規］にマウスポインターを合わせて❷［カラーマット］をクリック❸します。

2 ［プロジェクト］パネルにカラーマットが追加されました。タイムラインのテキストクリップ
の下にドラッグ❹します。

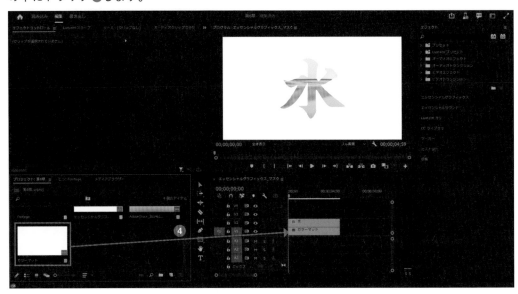

3 ［ビデオエフェクト］❺ー［旧バージョン］❻の順にクリックし、［ベベルアルファ］をテキス
トクリップにドラッグ❼して適用します。同様に［ビデオエフェクト］❽ー［遠近］❾の順に
クリックし、［ドロップシャドウ］をテキストクリップにドラッグ❿して適用します。

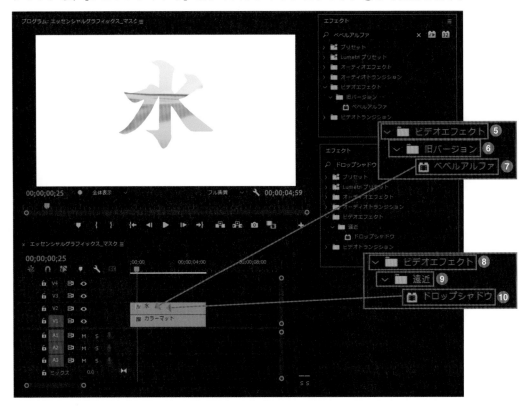

4 ［ベベルアルファ］で立体感を強め、［ドロップシャドウ］で影を追加するために以下のような
設定⓫をします。エフェクトの有無は、Premiere Proのバージョンによって異なります。

【ベベルアルファ】　　　　　　【ドロップシャドウ】
エッジの太さ：11.00　　　　　不透明度：80
ライトの角度：−60°　　　　　方向：135.0°
ライトのカラー：FFFFFF　　　距離：26.0
ライトの強さ：0.50　　　　　柔らかさ：100.0

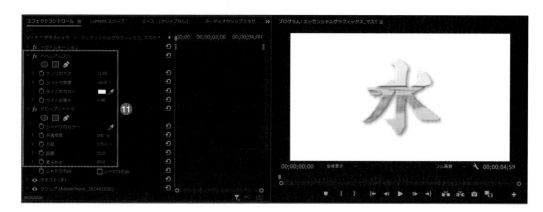

文言を追加すれば完成です。ここからさら
にアニメーションを加えることで、より
凝った演出を作ることもできます。

新鮮な水をお届けします

ポイント

トラックマットキーと［エッセンシャルグラフィックス］パネルの［テキストでマスク］は似
たような効果なので、どちらを使えばいいかわからなくなってしまうことがあります。使用箇
所を後から編集する可能性がある場合は、素材の秒数や位置を調整しやすいトラックマットキー
を使うといいでしょう。使用箇所全体を装飾として使いたい場合は、［エッセンシャルグラ
フィックス］パネルを使うといいでしょう。ひとつのクリップに多くの要素を入れられるため、
編集効率が高まります。

基本3D

基本3Dで動画素材を 立体的に見せよう

［基本3D］のエフェクトでは、適用する映像を、Z軸方面に傾けられます。
平面的な素材にも、立体感を持たせられます。

基本3Dを使ってみよう

［基本3D］エフェクトは、クリップに対し
て3Dのように立体的な効果を加えられま
す。

基本3Dのエフェクトを適用する

1 ［エフェクト］パネルで［ビデオエフェクト］❶ー［遠近］❷の順にクリックし、［基本3D］を
動画クリップにドラッグ❸して適用します。

2 ［基本3D］のエフェクトには、以下の4種類があります。

●スウィベル

画面が横方向に回転します。

●チルト

画面が縦方向に回転します。

●画像までの距離

画像が奥に移動します。

●鏡面ハイライト

上方向からの光を反射させます。動画と画像に効果があります。

3 ［プレビュー］は、プレビュー再生が重たい場合に、線だけで表示して処理を軽減する機能です。パソコンが推奨スペックを満たしている場合は、オンにしても変化ありません。

テキストクリップに対しても［基本3D］を適用できます。さらにアニメーションをつけることで、より立体的に見せられます。

モノクロ

映像をモノクロにしよう

モノクロは映像への味つけという意味では定番のカラー補正です。難しい
設定を行わなくても簡単に実現できます。

モノクロを使ってみよう

調整レイヤーを活用して、タイムラインに配置している2つのクリップにモノクロを適用しま
す。

調整レイヤーを配置する

1 ［プロジェクト］パネルの［新規項目］をクリック❶し、一覧から［調整レイヤー］をクリッ
ク❷します。

2 設定を確認し、[OK] をクリック❸します。

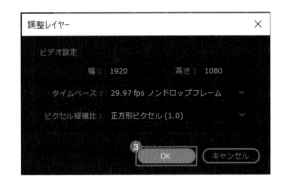

3 [プロジェクト] パネルに追加された [調整レイヤー] をタイムラインのビデオトラック2にドラッグ❹して配置します。

[モノクロ]のエフェクトを適用する

1 [エフェクト] パネルで [ビデオエフェクト] ❶ー[イメージコントロール] ❷の順にクリックし、[モノクロ] をレイヤークリップにドラッグ❸して適用します。

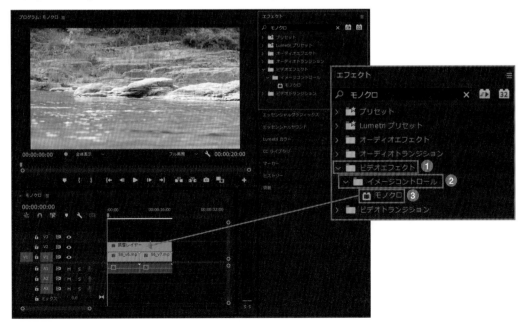

2 ［モノクロ］エフェクトが適用されました
❹。

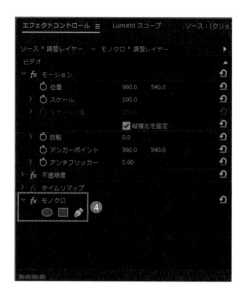

3 動画の色が変わりました。

4 調整レイヤーを利用すると、ひとつひとつ
のクリップにエフェクトを適用せずとも、
一括で反映させられます。

モノクロの強弱を調整する

1 調整レイヤーを選択し［エフェクトコントロール］タブの［不透明度］に「70」と入力①します。モノクロの強弱を調整できます。

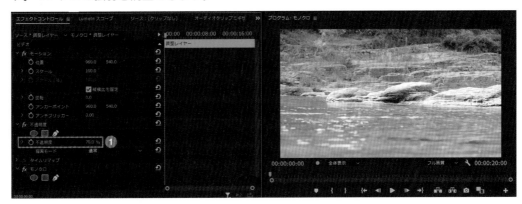

難しい調整をしなくても［モノクロ］エフェクトを使うことで、簡単に色味を変更できました。レトロな雰囲気を簡単に実現できます。

企業の動画制作内製化 編集編

前回の撮影編に引き続き、ここでは編集編のお話をしていきます。

本文にあるように動画編集には基本的な流れがあります。

最低限動画として成り立たせるために必要なスキルとしては、カット編集と、テロップや字幕作成のスキル、というところですね。

編集作業において、一番時間がかかるのがカット編集です。動画の土台を作っていく重要な部分なので、尺や流れを逐一確認しながら進めなければなりません。

丁寧にスピーディーに進めるためにも、ショートカットキーを使い、不要なクリップを効率よくカット削除していくことが大切です。

繰り返しになりますが、テロップも場面に応じて、見やすいものを意識しましょう。第4章で学んだマスタースタイルもしくはモーショングラフィックステンプレートを活用することで、効率よくテロップ入れができます。

カット編集をする人、字幕を入れる人、グラフィックやエフェクトを作る人、それぞれを分けて、数人のチームでオフライン編集とオンライン編集を分業して動画を量産化しているところもあります。

1本の動画に多くの予算をかけて、レベルの高い動画を作る場合は別ですが、コンスタントにたくさんの動画を作るには、ショートカットキーで高速カット編集を目指し、オリジナルで作ったアニメーションなどをテンプレート化して引き出しを増やして、編集スピードを上げていきます。

Premiere Proの効率に特化したおすすめ機能は、主にマルチカメラ編集（269ページ）と自動文字起こし機能（294ページ）です。
マルチカメラ編集は複数のカメラで同時撮影した素材を効率よく編集できます。
そして自動文字起こし機能は、最近追加された新機能ですが、字幕においてはこの機能だけで一気に編集作業が短縮されます。

ぜひ本書で覚えたスキルを利用し、あなたがより重宝される人材になっていただけるよう願っています。

第 **8** 章

クリエイティブな
映像表現スキル

これまで習得したスキルを用いて、よりクリエイティブな動画
編集のスキルを解説していきます。あなたの動画のクオリティ
をワンランク高めるノウハウが満載です。

1	ピクチャーインピクチャーを作ろう	206
2	ストップフレームで映像を一時停止しよう	214
3	動画の逆再生と速度変更	217
4	タイムリマップでファスト&スロー編集をしよう	221
5	音声のノイズ除去とバランス調整をしよう	226
6	Adobe Stock オーディオを利用しよう	232
7	Premiere Composerプラグインを利用しよう	236
8	VR動画にテキストクリップを追加しよう	244
9	VR動画に別の動画を表示しよう	254
10	VR専用のトランジションを追加しよう	259
11	VR動画を書き出そう	262

ピクチャーインピクチャー

ピクチャーインピクチャーを作ろう

「ピクチャーインピクチャー」とは、テレビワイプのように画面の一部に、別の小さな画面を表示する手法です。PIPと略すこともあります。効率的な編集方法を学びましょう。

ピクチャーインピクチャーの必要性

ピクチャーインピクチャーはさまざまなシーンで活用できますが、中でも講義動画やゲーム実況など、人物の顔を見せつつ、背景に映像を映したいときに便利です。長い時間撮影した動画をカットすると複数のクリップに分かれますが、まとめてピクチャーインピクチャーが可能なマスクを使った編集を行います。

タイムラインに2つの素材を配置する

1 ［V1］にメイン動画（ここではPC画面録画素材）、［V2］にワイプ用動画（ここでは人物映像）を配置します。［V2］のワイプ動画を選択します。このとき、同時収録している場合は、2つのクリップの音声などのタイミングを合わせて配置しましょう。

カット編集を行う

1 ［エフェクトコントロール］タブの［スケール］に「60」と入力①して少し小さくし、右下に
移動します（ここでは［位置］を「1350.0、769.0」②とします）。ワイプ動画を小さくすることで、
メイン動画と照らし合わせながら編集を進められます。

2 メイン動画とワイプ動画を確認しながら、
カット編集して不要な部分を削除します。

カットしたクリップをネスト化する

1 カットしたワイプ動画をすべて選択します。映像と音声をまとめるために、［リンクされた選択］が有効になっている①ことを確認します。

2 クリップを右クリックして、表示されるメニューで［ネスト］をクリック②します。

3 任意のネスト名（ここでは「ワイプまとめ」）を入力③して［OK］をクリック④します。

4 バラバラだったクリップがネスト
化されて、ひとつのクリップにま
とめられました。ネストクリップ
にすることで、ネスト内に入って
いる動画を一括で調整できます。

ネスト化する利点を知ろう

ネスト化とは複数のクリップをまとめる機能で
す。ネストクリップは［プロジェクト］パネル
に保存され、ひとつのクリップとして再配置で
きます。基本的には一部の編集内容を固定させ
たいときやエフェクトを全体に適用したいとき
に活用できます。

楕円形マスクを作成する

1 ネスト化した［ワイプまとめ］クリップを選択し、［エフェクトコントロール］タブの［不透
明度］をクリック❶します。

2 ［楕円形マスクの作成］をクリック❷し、マスクを作成します。マスクにマウスポインターを
合わせるとハンドツールになるので、マスクをドラッグ❸して映したい箇所に移動します。

3 マスクパスのポイントをドラッグ❹して、マスクサイズの調整を行います。このとき、 Shift キーを押しながらドラッグすると、正円でサイズを調整できます。

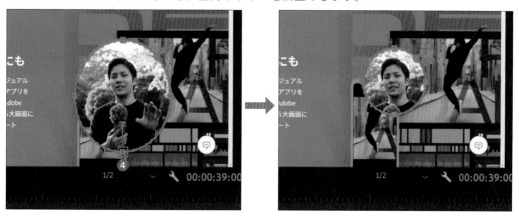

4 再度右下へ配置します（ここでは［位置］を「1120.0、681.0」❺とします）。［スケール］に任意の値（ここでは「130」）を入力❻して、好みのサイズにします。［不透明度］の［マスクの境界のぼかし］に「0.0」と入力❼して、境界をくっきりさせます。

クリップの［不透明度］から**マスクを追加**することで、**簡単にワイプを作れます**。

[トランスフォーム]エフェクトでワイプの表示位置を調整する

1 ピクチャーインピクチャーは終始ワイプ内に被写体が映っていれば問題ありませんが、動画によっては被写体が動いて、ワイプから出てしまうことがあります。ここで解説する手順で解決できます。

2 ワイプから出ているシーンのネストクリップを［レーザーツール］で分割①します。［エフェクト］パネルで［ビデオエフェクト］②ー［ディストーション］③の順にクリックし、［トランスフォーム］を分割したクリップにドラッグ④して適用します。

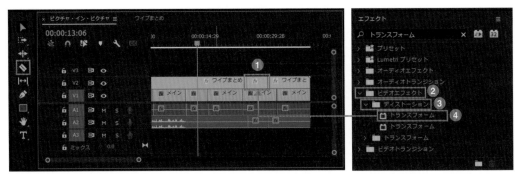

3 ［エフェクトコントロール］タブから［トランスフォーム］を開いて［位置］の値を変更⑤すると、ワイプ（マスク）を動かさずに、中身の映像のみ配置を調整できます。

ピクチャーインピクチャーを作る上で、いざと言うときに便利なエフェクトです。

シェイプでふち（ストローク）をつける

1 ［ワイプまとめ］クリップ（ネスト）を［V3］へドラッグ**❶**し、一段トラックを上げます。［楕円形ツール］でプログラムモニターに楕円形シェイプを追加**❷**します。シェイプを作るときに、Shift キーを押しながらドラッグすると正円を作れます。グラフィックを［V2］にドラッグ**❸**して、［ワイプまとめ］クリップの下に配置します。

2 シェイプを右下へ移動**❹**させ、ワイプと合わせれば完成です。シェイプのため、カラーをグラデーションにすることもできます**❺**。

エフェクトでふち（ストローク）をつける

1 シェイプでふちをつける前の状態から操作します。前ページを参考に、［ワイプまとめ］クリップ（ネスト）をさらにネストします。ネスト名は「ワイプ縁」とします。

2 ［エフェクト］パネルで［ビデオエフェクト］❶—［旧バージョン］❷の順にクリックし、［塗りつぶし］を［ワイプ縁］クリップにドラッグ❸して適用します。［ワイプまとめ］クリップにはマスクを追加しているため、［塗りつぶし］エフェクトを適用するだけでは、ふちを作れません。

3 ［塗りつぶし］エフェクトの各項目の設定を変更すれば、ワイプのふちを作れます。

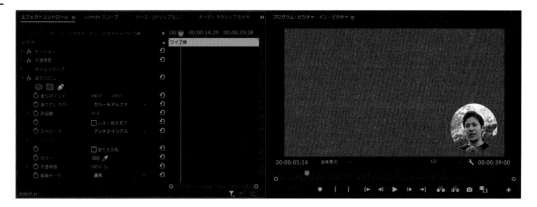

4 ［塗りセレクター］を［透明度］④、［ストローク］を［ストローク］⑤、［ストロークの幅］を「15.0」⑥に設定します。［カラー］には任意の色を設定⑦します。

マスクで作成したワイプにふちをつける作業は少し複雑ですが、シェイプを利用したふち作りとエフェクトを利用したふち作りの両方のやり方を覚えることで、機転の効いた編集ができると思います。どちらも一長一短ありますが、後々修正がしやすい、シェイプを利用したふちの方が個人的にはおすすめです。ワイプ制作は、ジャンルによってはよく作る動画だと思いますので、効率化を図っていきましょう。

レッスン

O2

ストップフレーム

ストップフレームで映像を
一時停止しよう

フレーム保持を使うことで、動画を一時停止できます。停止クリップにテ
ロップやアニメーションを加えることで、紹介動画などで活用できます。

素材をダウンロードする

1 第6章レッスン9を参考に、Adobe
Stockで「cat」と検索❶して無料素
材動画をダウンロードして利用し
ます。

使用動画「Siberian tiger cub portrait」
※プロジェクトに新規に読み込んでご利用ください。

フレームを固定し一時停止させる

1 停止したい時間に再生ヘッドをドラッグして移動❶します。クリップを右クリック❷して、表
示されるメニューで［フレーム保持セグメントを挿入］をクリック❸します。

2 クリップが分割され、クリップ間に停止クリップが挿入されました❹。静止フレームとも呼びます。2秒間過ぎると再生されます。

3 停止クリップを［リップルツール］でドラッグ❺すると、次のクリップを削らずに長さを伸ばせます。

4 クリップを右クリック❻して表示されるメニューで［フレーム保持を追加］をクリック❼すると、分割されたクリップがすべて停止クリップになります。

テクニック

フレーム保持を取り消すには

停止クリップを右クリック❶して表示されるメニューで［フレーム保持オプション］をクリックします。チェックマークをはずす❷ことで、保持を取り消せます。

動画を静止画として書き出すには

サムネイルを作成するときなど、動画の一部を静止画として書き出したいことがあります。そのようなときは以下の手順で操作しましょう。

画像として書き出したい場所に再生ヘッドをドラッグ❶して移動します。プログラムモニターの右下にあるカメラアイコンの［フレームを書き出し］をクリック❷します。

アイコンがない場合は、［ボタンエディター］をクリックして［フレームを書き出し］をプログラムモニターへドラッグして追加しましょう。

［フレームを書き出し］をクリックすると、ウィンドウが表示されます。［形式］で任意の形式（ここでは「PNG」）を指定し、［OK］をクリック❸します。

動画の一部が画像として書き出されました。

レッスン

03

ページURLよりダ
ウンロード／S8_
L3.prproj

速度・デュレーション

動画の逆再生と速度変更

動画の逆再生や早送りをしたいときは、[速度・デュレーション]の機能が
便利です。その使い方を見ていきましょう。

素材をダウンロードする

1 第6章レッスン9を参考に、Adobe Stockで
「motorcycle」と検索❶して無料素材動画
をダウンロードして利用します。

> 使用動画「Rider on a motocross leaving dust behind」
> ※プロジェクトに新規に読み込んでご利用ください。

[逆再生]の設定方法

1 クリップを右クリック❶して、表示される
メニューで[速度・デュレーション]をク
リック❷します。

2 [クリップ速度・デュレーション]の画面
が表示されたら、[逆再生]を有効❸にし
て[OK]をクリック❹します。

3 クリップに「-100％」と表示され、動画が
逆再生されます。速度の数値を変えること
で逆再生の速さも変えることができます。

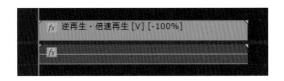

［早送り］の設定方法

1 前ページを参考に［クリップ速度・デュ
レーション］の画面を表示し、［速度］に
「200」と入力❶します。

2 クリップに「200％」と表示され、2倍速の
早送りで再生されます。

［スローモーション］の設定方法

1 前ページを参考に［クリップ速度・デュ
レーション］の画面を表示し、［速度］に
「50」と入力❶します。

2 クリップに「50％」と表示され、1/2の速
度のスローモーションで再生されます。

3 スローモーションの設定をすると、映像が
カクカクすることがあります。そんなとき
は補間を変更することでカクつきを抑え、
スローモーションをなめらかにできます。

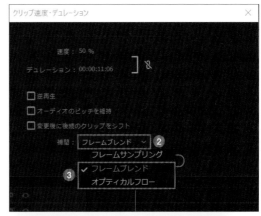

4 [補間]の一覧②から［フレームブレンド］
または［オプティカルフロー］をクリック
③します。

動画のフレームレートによって、補間の加
減は異なり、動画に残像が出ることがあり
ます。フレームレートが高いほど、残像は
出にくくなります。スローモーションにす
る場合は撮影段階からフレームレートに気
をつけましょう。

ポイント

フレームブレンドは、フレーム間を滑らか
にする方法で、風景などの映像に適してい
ます。オプティカルフローは、フレーム間
に新たなフレームを生成して補間する方法
で、動きの少ない植物などの映像に適して
います。

テクニック

レンダリングが必要になることもある

補間変更時、レンダリングバーが赤くなることがあります。その際は Enter キーを押して、プレ
ビューレンダリングを行ってから確認しましょう。

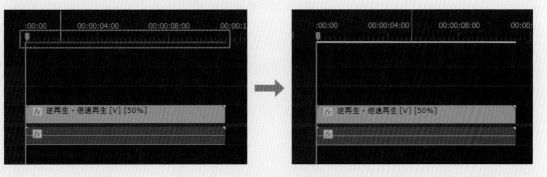

動画の途中で速度を変える方法

1 速度変化を開始したい場所でクリップを分割❶し、220ページの手順を参考に、分割したクリップの速度を変更します。ここでは速度を「50」に設定❷します。

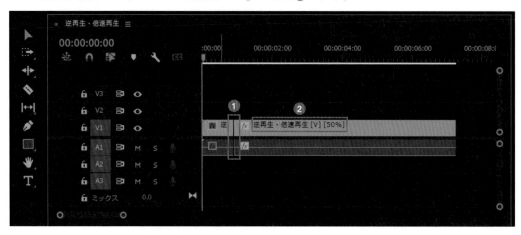

2 速度変化を終了したい場所でクリップを再度分割❸し、分割したクリップの速度を「100」に戻します❹。

クリップの分割と［速度・デュレーション］の設定を併用することで、自由な場所で速度を変化させられます。

04

ページURLよりダ
ウンロード／S8_
L4.prproj

タイムリマップ

タイムリマップでファスト＆スロー編集をしよう

再生速度は［速度・デュレーション］だけでなく、［タイムリマップ］でも変更できます。［速度・デュレーション］よりも細やかな設定がしやすいのが特徴です。

タイムリマップでトラックの速度を変更する

引き続きレッスン3でダウンロードした素材を使って、［タイムリマップ］の操作を試していきましょう。

クリップを選択すると、［エフェクトコントロール］タブに［タイムリマップ］の項目が表示されます。また、**タイムラインのクリップ上でも調整できる**ので、ここではそちらの方法を使っていきます。

トラックの高さを変更する

1 ビデオトラック（V1）の［トラック出力の切り替え］の右エリアをダブルクリック❶すると、トラックの高さが変更できます。

2 もう一度同じ場所をダブルクリックすることで、元の高さに戻ります。

なお、ビデオトラック（V1）とビデオトラック（V2）の**境界線**を**ドラッグ**してもトラックの高さを変更できます。

221

［タイムリマップ］を有効にする

1 クリップを右クリック❶して、表示されるメニューで［クリップキーフレームを表示］ー［タイムリマップ］の順にマウスポインターを合わせます❷。［速度］をクリック❸して有効にします。

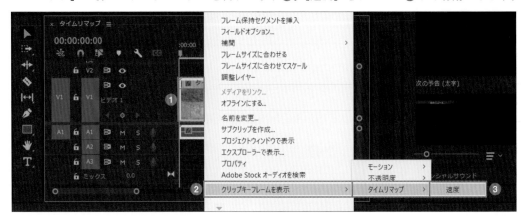

2 クリップ内に速度グラフが表示されます❹。［キーフレーム］❺をクリックすることで、タイムラインのクリップに対してキーフレームを追加できるようになります。

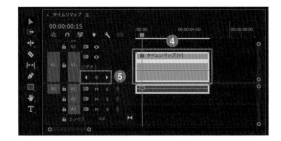

キーフレームを追加する

キーフレーム間をスローモーションにしてみましょう。

1 スローを開始したい場所に再生ヘッドをドラッグ❶して移動します。クリップを選択し❷、［キーフレーム］でスローにしたい範囲の始点と終点にクリップキーフレームを2つ追加❸します。

2 キーフレーム間の速度グラフにマ
ウスポインターを合わせて④、下
へドラッグ⑤します。

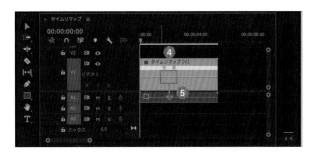

3 速度グラフが下がり、キーフレー
ム間の再生速度を遅くできます。
ここでは速度を「20％」程度に設
定します。

4 ひとつ目のキーフレームの前で速
度グラフを上へドラッグ⑥すると、
速度を早くできます。ここでは速
度を「200％」程度に設定します。

このように、キーフレームと速度
グラフを使って、直感的に再生速
度を変更できます。

スローモーションをなめらかにする

1 クリップを右クリックして表示されるメ
ニューで［速度・デュレーション］をクリッ
クし、［補間］を［オプティカルフロー］に
変更①して［OK］をクリック②します。

速度グラフを微調整する

1 左のキーフレームを左にドラッグ❶、右のキーフレームを右にドラッグ❷すると、速度グラフを緩やかにできます。

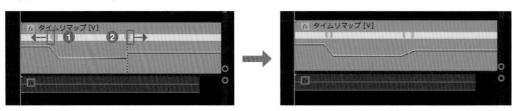

2 速度グラフを緩やかにすることで、速度変化に入る前に緩急をつけられます。

3 倍速からスローモーションになり、倍速に戻るように再生速度を変更できました。

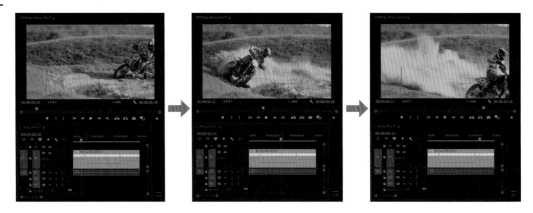

ポイント

タイムリマップを使ったファスト＆スローは、速度を変えるタイミングでセンスが問われる編集技法です。しかし、インサートなどに速度変化のある映像がワンカット入るだけでも、おしゃれな動画になります。積極的に使ってみるといいでしょう。

クリップキーフレームと
［エフェクトコントロール］タブの関係

クリップキーフレームは、［エフェクト
コントロール］タブの［モーション］
と同じ項目を表示でき、値グラフと速
度グラフが連動しています。

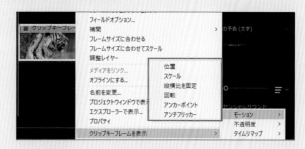

［位置］のキーフレームが［クリップキーフレーム］と同じ表示になっていることがわかります。

クリップキーフレームをドラッグすることで、速度グラフをベジェにすることもできます。

クリップキーフレームは主に値グラフと速度グラフを調整するときに便利です。［エフェクトコントロール］タブでキーフレームを追加してアニメーションを作成したら、クリップキーフレームで緩急をつける、といった形で、各パネルで作業を切り替えるのも良いと思います。自分がやりやすい環境で編集を行っていきましょう。

エッセンシャルサウンド

音声のノイズ除去と
バランス調整をしよう

[エッセンシャルサウンド] パネルでは、音楽、効果音、音声などのオーディオに関する編集ができます。ここでは音声のノイズ除去の手順を見ていきましょう。

[エッセンシャルサウンド] パネルとは

[エッセンシャルサウンド] パネルには、オーディオレベルの調整、エフェクトの適用、動画音声を修復する際に使えるツールが用意されています。また音楽、効果音、音声などのオーディオに関する編集ができます。パネル内でAdobe Stockからロイヤリティフリーの音源を購入して使用することもできます。

[エッセンシャルサウンド] パネルの基本

1 メニューバーで [ウィンドウ] ❶ー[エッセンシャルサウンド] ❷の順にクリックすることで、[エッセンシャルサウンド] パネルを表示できます。

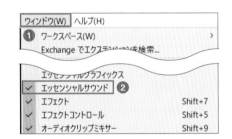

2 [編集] タブでは、[会話][ミュージック][効果音][環境音] の4つのオーディオタイプがあり、クリップをいずれかに割り当てて編集を行います。[参照] タブでは、Adobe StockからBGMや曲を購入使用できます。

3 ［編集］タブで作業を行います。
音声編集を行いたいクリップをタイムラインに配置、選択します**③**。
音声は［会話］に当てはまるので、［会話］をクリック**④**します。

4 選択したクリップが［会話］のオーディオタイプに割り当てられました。［ラウドネス］［修復］［明瞭度］［クリエイティブ］［クリップボリューム］から**目的に応じた項目をクリックすると、編集項目が開き**、音声の調整や修正を行えます。

5 オーディオタイプをリセットしたい場合は［オーディオタイプをクリア］をクリック**⑤**します。

このように［エッセンシャルサウンド］パネルでは、最初にクリップとオーディオタイプをひもづけます。実際の編集では［会話］で音声編集を行うことが多いと思いますが、BGMは［ミュージック］、効果音は［効果音］、自然の音や都会の音は［環境音］、といったように、内容に応じたタイプに割り当てましょう。

ポイント

> カット編集などにより複数のクリップがある場合は、音声編集したいクリップをすべて選択しましょう。または、ネスト化してひとつのクリップにする方法もあります。

ラウドネスで簡単に音声のバランスを整える

1 [ラウドネス] では、大きすぎたり小さすぎたりする音声を一発で調整できます。[エッセンシャルサウンド] パネルの [会話] から [ラウドネス] をクリック**❶**します。

2 [自動一致] をクリック**❷**します。音声のボリュームが自動で調整され、聞き取りやすくなります。[ラウドネス] のチェックマークをはずす**❸**と無効になり、加工前と加工後を聴き比べられます。

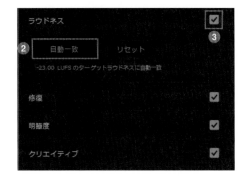

3 [エッセンシャルサウンド] パネルで調整を加えると、クリップのオーディオ波形が変化します。

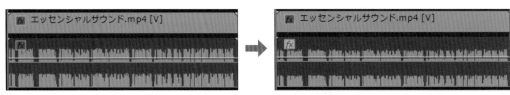

4 さらにボリュームを調整したい場合は、[クリップボリューム] のスライダーをドラッグ**❹**するか直接数値を入力して変更します。

このように [ラウドネス] の [自動一致] を行うだけで、**音声全体の補正を行ってく**れます。

ノイズ除去で音声をクリアにする

1
音声の収録時に、マイクが空調音を拾って「サー」というノイズが入ることがあります。こうしたノイズも後から軽減できます。[エッセンシャルサウンド] パネルの [会話] から [修復] をクリック❶します。

2
[修復] の [ノイズを軽減] をクリック❷して有効にします。

そのほかに、各項目で細かく調整できますが、[ノイズを軽減] のみでも大幅にノイズを処理できます。

3
[ノイズを軽減] は強力な補正なので、数値を強くしすぎると、こもった音声になってしまいます。音声にもよりますが「1.5～3」程度にするとバランスの取れたノイズ除去が行えます。なお、[エッセンシャルサウンド] パネルは、再生しながら各項目の数値を変更できます。

[ラウドネス] と [修復] を使うことで、クリアで聞き取りやすい音声にできます。

ポイント

音声は編集に頼るのではなく、撮影時にできるだけ高品質になるように収録することが、クオリティアップのポイントです。[エッセンシャルサウンド] パネルは優れた機能ですが、ノイズが大きすぎたり、音声が割れていたり、ほとんど聞こえなかったり、といったように元の音声データ品質が低すぎると、修正にも限界があります。音声は動画全体のクオリティを左右する大事な要素です。ピンマイクやカメラ用外付けマイクなどの専用機材を導入して、高品質に収録できるよう心がけましょう。その上で [エッセンシャルサウンド] パネルで調整すれば、より聞き取りやすくクリアな音声で動画を作成できます。

プリセットを使って音質をラジオ調に変えてみよう

1 ［エッセンシャルサウンド］パネルの［会話］から［プリセット］をクリック❶すると、あらかじめ用意されているプリセットエフェクトを一覧から選択できます。ここでは一覧から［ラジオから］をクリック❷します。

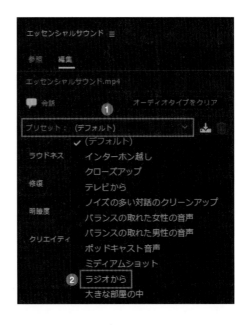

2 音声にエフェクトがかかり、ラジオ調の音声になりました。［明瞭度］をクリック❸すると、細かな項目の調整を行えます。

3 ［ダイナミック］のスライダーを右にドラッグ❹すると、音声の幅を広げられます。［EQ］－［量］のスライダーを左にドラッグ❺すると、エフェクトの適用度合いを弱くできます。

［エッセンシャルサウンド］パネルはエフェクトとして扱われる

［エッセンシャルサウンド］パネルで行った設定は、内部的にはエフェクトとして処理されます。そのため、［エッセンシャルサウンド］パネルで編集を行うと［エフェクトコントロール］タブに対応した［オーディオエフェクト］が追加されます。

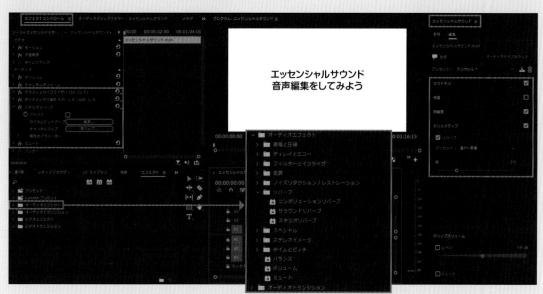

ただし、［エッセンシャルサウンド］パネルの項目と、［エフェクトコントロール］タブの項目が異なる点には注意しましょう。これは、［オーディオエフェクト］の機能の一部が［エッセンシャルサウンド］では簡略化されて適用されているためです。難しく感じてしまうかもしれませんが、［オーディオエフェクト］を直感的に使えるのが［エッセンシャルサウンド］パネル、という認識でOKです。

レッスン 06

Adobe Stockオーディオ

Adobe Stock オーディオ を利用しよう

[エッセンシャルサウンド] パネルの [参照] タブから、Adobe Stockオーディオを挿入できます。有償契約が必要ではありますが、とても便利なので使い方を覚えておきましょう。

Adobe Stockオーディオの利用方法

Adobe Stock オーディオを利用するには、有償の契約が必要です。

1 [エッセンシャルサウンド] パネルで [参照] タブをクリック❶すると、Adobe Stock オーディオが表示されます。いくつかの音源があり、波形が表示されています。

2 各オーディオの再生ボタン❷または波形をクリックすると、再生されます。

3 タイムラインが表示されているときに [タイムラインの同期] を有効❸にしていると、再生ヘッドの位置からプレビュー再生されるので、音源と映像の雰囲気を確認するのに活用できます。チェックマークをはずすと同期されません。

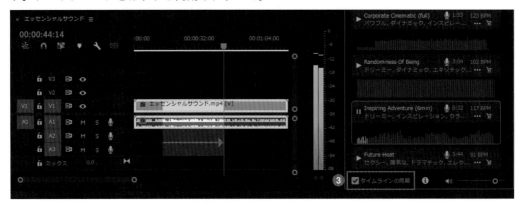

4 音源のタイトルをタイムラインへドラッグ❹すると、サンプル音源を配置できます。［プロジェクト］パネルに［Stock オーディオメディア］フォルダーが自動的に作成されて、フォルダー内に配置した音源データが追加され、カートアイコンが表示されます❺。

Adobe Stockの契約をしていなくても、配置と編集自体はできますが、低品質サンプル版のM4a形式のデータとなります。また、書き出しはライセンスが必要になるため、ご注意ください。ライセンスを購入し、取得すると、高品質のWAV形式のデータとなります。

Adobe Stockオーディオを検索する

1 Adobe Stockの検索欄に検索キーワードを入力して Enter キーを押す❶と、音源を探しやすくなります。例えば「ジャズ」といったように、音楽のジャンル名などを日本語で検索できます。

2 ［ジャンル］から各ジャンル名をクリック❷すると、あらかじめ用意されている項目から音源を絞り込めます。

3 気に入った音源があれば、タイトル名を右クリック❸して［このアーティストのその他作品］をクリック❹すると、そのアーティストのBGMや曲のみが表示されます。

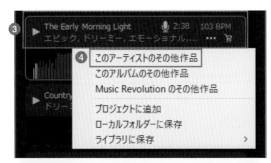

Adobe Stockオーディオのライセンスと購入について

1 Adobe Stockオーディオを使用した動画を
SNS等のメディアで使用するには、Adobe
Stockを契約する必要があります。ライセ
ンスを取得するには、カートアイコンをク
リック❶します。

クリックしても即座に契約されることはあ
りませんので、ご安心ください。

2 [Adobe Stock] の画面が表示されるので、
画面の案内に沿って操作を進めていきま
しょう。取得ページへ移動しない場合は、
WebブラウザーからAdobe Stockへアクセ
スして手続きを行いましょう。

3 YouTubeでは、コンテンツIDという仕組みで著作権を保護しています。Adobe Stockで購入した
オーディオが含まれる動画をYouTubeに公開した場合、YouTubeに著作権の許諾を得ていること
を伝えるために「ライセンスコード」と呼ばれる文字列が必要となります。このコードは、
Adobe Stockのページから確認できます。

▼Adobe Stock　ライセンスコードに関するWebページ
https://stock.adobe.com/jp/audio-copyright-claims

ポイント

Adobe Stockオーディオの購入は、動画素材やテンプレートなどと同じ扱いになり、Adobe
Stockをプラン契約（有料）することでダウンロード可能になります。現在、単品購入プランは
なく、月額制プランのみ提供されています。契約内容によって、ダウンロードできる数が変わ
ります。詳しくはAdobe公式ページをご確認ください。

レッスン 07

プラグイン

Premiere Composer プラグインを利用しよう

Premiere Proではサードパーティー製のプラグインをインストールすることで、機能を向上させられます。ここでは、おすすめのプラグイン「Premiere Composer」をご紹介します。

汎用性抜群!　初心者向けプラグイン「Premiere Composer」

「Premiere Composer」はMister Horseが提供している海外製のプラグインです。いくつかのパックにわかれており、タイポグラフィー、トランジション、シェイプアニメーション、2Dエフェクトなど、汎用性の高いプリセットが用意されています。それぞれ有料ですが、一部のものは無料で利用できます。

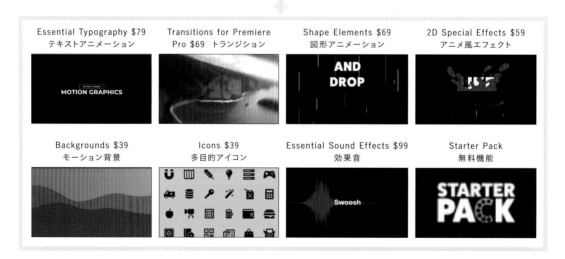

複数のパックがセットになって安くなった「Editor's Bundle」も選択できます。無料で使える「Starter Pack」には数十種類のテキストアニメーション、トランジション、サウンドが収録されています。「Premiere Composer」のダウンロードとインストールは無料でできます。

Premiere Composerのインストール

1 「Premiere Composer」プラグインは公式サイトからダウンロードできます。英語のサイトですが、日本語版Premiere Proでも使用できます。ここでは、Premiere Pro ver 22.0を使用しています。対応バージョンは時期によって異なります。詳細については「Mister Horse」または「フラッシュバックジャパン」より「Premiere Composer」ページをご確認ください。本書籍とは一切関係ありません。

▼Mister Horse「Premiere Composer」公式ページ
https://misterhorse.com/premiere-composer

▼フラッシュバックジャパン「Premiere Composer」ページ
https://flashbackj.com/product/transitions-premiere-composer

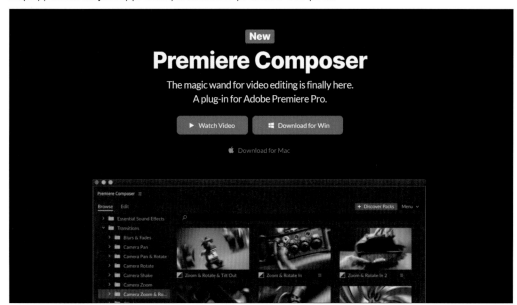

2 ダウンロードが完了したら、画面の案内に沿ってインストールします。Premiere Proを起動している場合は、終了しておきましょう。

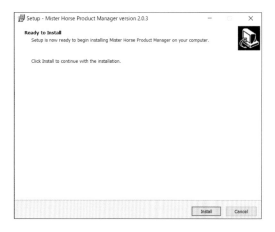

3 「Mister Horse Product Manager」というプラグイン管理ソフトとしてインストールされます。「Mister Horse Product Manager」から「Premiere Composer」をPremiere Proへインストールできます。

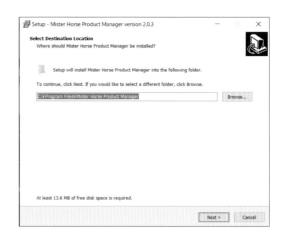

4 「Mister Horse Product Manager」を起動すると、ログイン画面が表示されます。[Create new account] をクリック❶して、画面の案内に従ってアカウントを作成します。

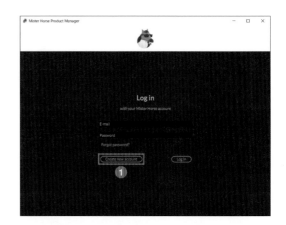

5 アカウントを作成したらログインし、[Premiere Pro] タブをクリック❷します。[Premiere Composer] と [Starter Pack] の2つを [Install] ❸にします。プラグインをアンインストールする場合も [Mister Horse Product Manager] から操作します。

「Premiere Composer」をインストールできました。

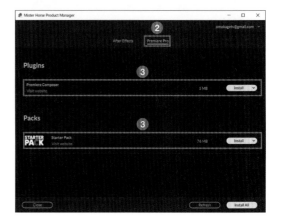

Premiere Composerを使ってみよう

1 メニューバーで［ウィンドウ］をクリック❶し、［エクステンション］❷―［Premiere Composer］をクリック❸します。

2 ［Premiere Composer］パネルが追加されました。［Starter Pack］フォルダー内のエフェクトを無料で利用できます。

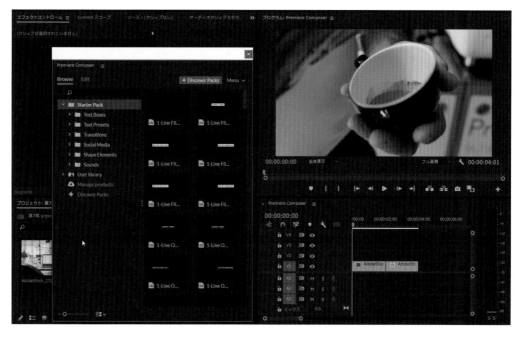

3 任意の2つのクリップをタイムラインに配置して、クリップ間にトランジションを追加します。
[Transitions] ❹－［Zoom In］❺の順にクリックして［Add］をクリック❻すると、タイムライ
ンへ追加できます。［Add sound］を有効❼にした状態で追加すると、効果音を一緒に配置でき
ます。サムネイルをタイムラインにドラッグして配置することもできます。

4 追加されたトランジションクリップの編集
点がトランジションを行いたいクリップの
編集点に合うように、トランジションク
リップをドラッグ❽します。

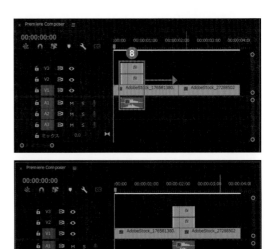

5 ズームイントランジションを適用できました。本来ズームインは手間のかかる作業ですが、プラグインでは既に完成されています。ドラッグ＆ドロップするだけで、かっこいい場面転換を簡単に追加できます。

6 そのほか、テキストアニメーションやロゴアニメーションもいくつか収録されています。

［エッセンシャルグラフィックス］パネルから文字を変えられます。ストロークやシャドウなどの文字装飾は固定されています。

ポイント

「Premiere Composer」は無料の「Starter Pack」だけでも豊富なエフェクトがあり、便利です。また有料パックを購入することで、大幅にプリセットを拡張できます。おすすめは「Transitions for Premiere Pro」です。約7000円ほどですが、作るのがたいへんな高度なトランジションを簡単に実現できます。セールを利用すれば通常より安く手に入れることもできます。そのほかにも気に入ったパックがあれば、購入を検討してみてください。

おすすめプラグイン3選

プラグインの多くは有料ですが、動画編集の効率を底上げしたり、おしゃれでかっこいい演出を手軽に作るのに便利です。ここでは特におすすめの3つのプラグインをご紹介します。

● Motion Bro（英語）

https://motionbro.net/

「Premiere Composer」と同じようなプラグインですが、無料で使用できるエフェクトや素材が多く、より凝った演出を作成できます。プラグインを使ったテキストアニメーションをたくさん作りたいときにおすすめです。

● Motion Factory（英語）

https://pixflow.net/download/motion-factory/

モーショングラフィックス全般に活用でき、一部無料で利用できます。特に「Actionfx Builder」はリアルな炎や稲妻などのVFXを作ることもでき、実写と合成することで、プロ級の映像に仕上げられます。個人的に一番好きです。

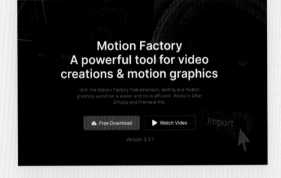

● Twixtor（英語）

https://flashbackj.com/product/twixtor

映画のようなスーパースローモーションを作れます。ただし、通常版で価格が4万円前後で、残像を軽減できる「Twixtor pro」だと10万円を超えて、下手をすると高機能カメラが買える値段です。昨今ではカメラの進化により、手軽にスーパースローモーションを撮れるようになり、以前に比べて使う機会は少なくなりました。利用する場合、「Twixtor」を含むプロ仕様プラグインがセットになった「RE:Vision Effections v2l」がおすすめです。

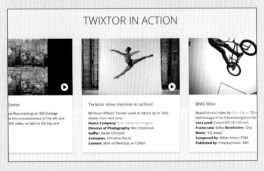

プラグインの購入について

プラグインを安心して購入できるのが「フラッシュバックジャパン」のWebサイトです。プラグインの多くは海外製で、公式サイトの説明も英語ですが、フラッシュバックジャパンではさまざまなプラグインの情報が日本語で案内されています。ながめているだけでもワクワクします。なお、プラグインそのものが日本語化されて提供されているわけではないので注意しましょう。

フラッシュバックジャパン
https://flashbackj.com/

プラグインインストールの注意点

さまざまな無償プラグインがあるので、ついいくつもインストールしがちですが、インストールしすぎるとPremiere Proの動作が重くなります。また、プラグインによって、インストール先や削除方法なども異なるため、よく検討してから導入しましょう。またプラグインに頼りすぎると応用が利かず、本当の意味でのスキルアップになりません。まずは基本的な編集方法やアニメーションのやり方を理解した上で、作業効率のアップにプラグインを利用する、という意識を持ちましょう。なお、ご案内しているすべてのプラグイン情報は、本書と一切関係ありません。詳細については各サイトよりご確認ください。

レッスン

08

360_A.mp4／
image.png／
S8_L8.prproj

VR動画のテキストクリップ

VR動画にテキストクリップを追加しよう

360度のVR動画の需要は今後増えると予想されています。次世代の編集を見据えて、360度動画編集の基本を学びましょう。まずは基礎知識と、テキストクリップの追加方法を学びます。

360度動画素材について

代表的な全天球カメラ（360度カメラ）には、RICOH THETAやGoPro MAX、Insta360などがあります。全天球カメラを中心に360度すべての映像が記録され、多くの場合、4K以上の画質になります。撮影されたデータはおもに「エクイレクタングラー形式」というフォーマットに変換または保存され、縦横比「2:1」の動画ないし画像になります。カメラによっては専用ソフトでエクイレクタングラー形式に変換する必要があります。エクイレクタングラーは、日本語では「正距円筒図法」と言います。**丸い球体を平面に展開して、1枚の映像で表示する図法です。球体に沿って平面展開されるため、歪みがあるのが特徴です。**

解像度5.2K（5120 x 2560）

360度動画素材のシーケンスを作成する

1 360度動画素材**❶**［360_A.mp4］を右クリックして、表示されるメニューで［クリップに最適な新規シーケンス］をクリック**❷**して、シーケンスを作成します。シーケンス名は［360_A］になります。プログラムモニターに平面展開された動画が表示**❸**されます。

2 作成されたシーケンスを右クリック**❹**して表示されるメニューで［シーケンス設定］をクリック**❺**します。［シーケンス設定］の画面が表示されたら、［VRプロパティ］で［投影法］を［正距円筒］、［レイアウト］を［平面図］に設定すると、360度動画を編集できます。

プログラムモニターの表示方法を変更する

1 プログラムモニターでは平面で映像が表示されていますが、360度見渡せるVR専用の表示に変更します。プログラムモニターの［設定］をクリック❶し、［VRビデオ］❷の［有効］をクリック❸します。

2 プログラムモニターの表示が変わります。プログラムモニター上をドラッグ❹すると、さまざまな視点から映像を確認できます。［コントロールを表示］が有効になっている場合、モニタービューの外側に数値が表示され、ドラッグすることで横方向（パン）や縦方向（チルト）に視点を変えることもできます。

VR表示のボタンを追加するには

プログラムモニターの［ボタンエディター］を
クリックし、［VRビデオ表示を切り替え］をモ
ニター下部のレイアウトにドラッグ❶すること
で、ボタンからVR表示のオン／オフを切り替
えられます。360度動画編集はVR表示のオン／
オフを切り替えて確認することが多々あるた
め、［VRビデオ表示を切り替え］を追加すると
効率が上がります。

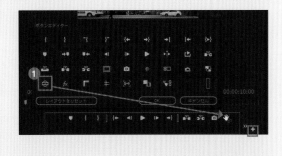

［VR表示］オン

［VR表示］オフ

3 VR表示にできましたが、このままでは映像が小さくて見づらいです。プログラムモニターを拡
大してもいいですが、［プログラムモニター］パネルのサイズを変えたくない場合は、モニター
ビューを大きくします。プログラムモニターの［設定］をクリックし❺、［VR ビデオ］❻の
［コントロールを表示］をクリックしてオフにします❼。［コントロールを表示］を無効にする
と、モニタービューの外側の数値が非表示になり、VR画面をより大きくできます。

4 再度プログラムモニターの［設定］をクリックします。［VR ビデオ］－［設定］をクリックして、［VRビデオ設定］の画面を表示します。［モニタービュー水平］を「140」❽、［垂直］を「80」❾に設定します。

5 ［VRビデオ 設定］を調整することで、モニタービューを見やすいサイズにできます。

360度動画にテロップを入れる

1 ［VR表示］が有効の状態では［横書き文字ツール］や［縦書き文字ツール］でテキストを追加できません。

2 ［VRビデオ表示を切り替え］をクリック❶して、標準モニターに戻します。［横書き文字ツール］を選択❷し、テキストを追加❸します。

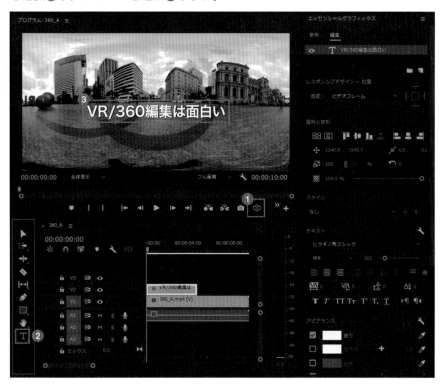

テロップが平面に見えるように調整する

1
テキストクリップを追加できたら、もう一度［VR表示］を有効①にします。360度動画の中にテキストが表示されました。テキストが湾曲しているのがわかりますが、これはエラーではありません。360度動画に平面のテロップを追加すると、VR表示したときに曲がって見えます。この状態のままテロップを表示する動画もありますが、ここでは平面に見えるように調整していきます。

2
360度動画内でテキストが平面に見えるように、エフェクトで編集します。［エフェクト］パネルで［ビデオエフェクト］②－［イマーシブビデオ］③の順にクリックし、［VR平面として投影］をテキストクリップにドラッグ④して適用します。エフェクトやトランジションにある［イマーシブビデオ］は360度動画専用のエフェクトです。

3 360度動画の中で湾曲していたテキストが、平面として表示されました。

4 ［エフェクトコントロール］タブから、［VR 平面として投影］エフェクトを調整できます。そ
れぞれにキーフレームを追加することもできるため、テロップをアニメーションにすることも
できます。

［VR平面として投影］の設定項目

項目	説明
スケール(度)	カメラからの距離を調整しサイズを変更
ソースを回転	向きを変更
投影を回転	位置を変更

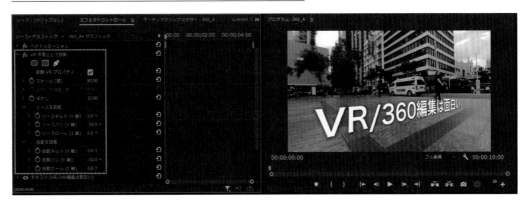

平面クリップを思い通りに移動するには

[VR 平面として投影] のエフェクトを適用したテキストの位置を移動するとき、エフェクトの適用前と後で挙動が異なります。[VR表示] をオフにした状態で、移動させるコツを見ていきましょう。

● [VR 平面として投影] エフェクトの有無による違い

なし：自由に位置を移動できる

あり：意図しない方向に傾く

自由な位置に平面クリップを移動したいときは、[VR平面として投影] に加えて [VR回転（球）] のエフェクトも適用します。テロップを右下に配置したいときは、[エフェクトコントロール] タブの [VR平面として投影] で、[投影を回転] にある [投影チルト（X軸)] の数値を変えることで上下に移動させられます。ここでは、「20.0」と入力❶します。

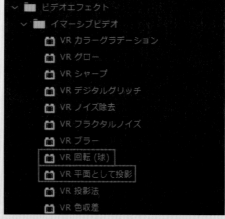

［エフェクトコントロール］タブの［VR回転（球）］で、［パン（Y軸）］の数値を変えることで、左右に移動させられます。ここでは、「100.0」と入力②します。

もし求めている位置にならない場合は、［エフェクトコントロール］タブからエフェクトをドラッグ③して、順番を入れ替えてみましょう。

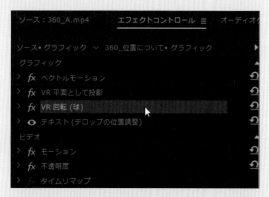

［VR表示］をオンにして確認します。360度動画内で視点を右方向へ変えてみると、テキストが正面を向いて表示されます。このように、平面クリップの位置移動は必要に応じて［VR 平面として投影］と［VR 回転（球）］の2つのエフェクトを使いましょう。位置調整の際、各クリップに元からある［モーション］や［ベクトルモーション］を使わないようにしてください。つなぎ目から裂けてしまうことがあるためです。

VR動画のワイプ

VR動画に別の動画を表示しよう

［VR平面として投影］エフェクトは、テキスト以外のクリップにも適用でき
ます。同じエフェクトを使って、360度動画の中に別の動画を表示してみ
ましょう。

360度動画に別の動画を表示する

［VR 平面として投影］エフェクトはテキスト以外
のクリップにも適用できます。例えば、観光地や
物件などの案内動画で、360度動画を活用する際、
ワイプのように小窓に映像を表示することで、分
かりやすく臨場感のあるVR動画を作れます。

簡単なワイプを作成する

1 ワイプに使いたい画像または動画を［新規項目］**❶**へドラッグして新たにシーケンスを作成し
ます。VI に入った画像クリップを［V2］にドラッグ**❷**して配置します。

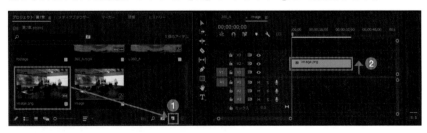

2 ［新規項目］をクリック**❸**し、一覧から［カラーマット］をクリック**❹**します。［プロジェクト］
パネルのカラーマットを［VI］にドラッグ**❺**して配置します。

3 画像クリップを選択し、[エフェクトコントロール] タブの [モーション] の [スケール] に
「90」と入力❻します。画像が少し縮小され、[V1] に配置しているカラーマットが周囲に見え
るようになりました。

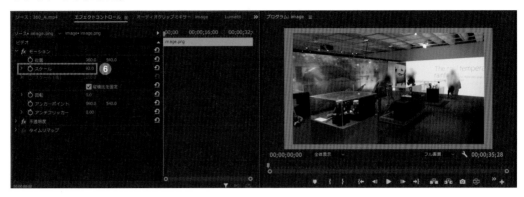

4 枠のデザインはお好みです。ここではグラデーションにします。[エフェクト] パネルで [ビ
デオエフェクト] ❼ー[描画] ❽の順にクリックし、[4色グラデーション] をカラーマットに
ドラッグ❾して適用します。[エフェクトコントロール] タブの [位置とカラー] を任意の設
定に変更❿します。

作成したワイプを360度動画に配置する

1 タイムラインの [360_A] をクリック❶して、360度動画シーケンスを表示します。作成した画
像用シーケンスを360度動画シーケンスの [V2] へドラッグ❷して配置します。

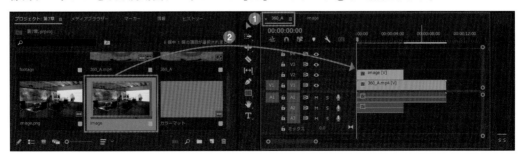

2 レッスン8を参考に、［VR平面として投影］エフェクトと［VR回転（球）］エフェクトを画像ク
リップにドラッグ❸して適用します。

3 ［エフェクトコントロール］タブの［VR平面として投影］をクリック❹し、以下のように設定
します。

スケール（度）：30 ❺
ぼかし：0.00 ❻
ソースを回転／ソースチルト（X軸）：5° ❼
投影を回転／投影チルト（X軸）：-30.0° ❽

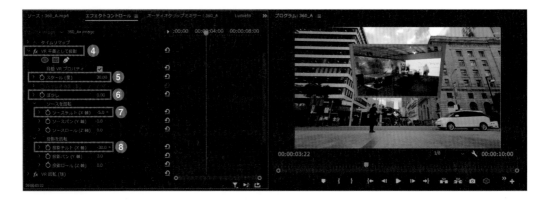

4 ［エフェクトコントロール］タブの［VR回転（球）］をクリック❾して、表示する位置を決めます。ここでは左方向に画像クリップを配置するので、［パン（Y軸）］を「-70.0°」に設定❿します。

5 同様にして、**ワイプの下にテキストクリップも追加**すると、雰囲気のある360度動画が完成です。画像クリップに、さらにスケールアニメーションなどを加えることで、より臨場感のある動画が作れます。

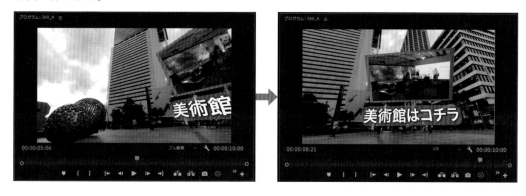

三脚をスマートに隠すには

360°カメラを三脚で使用している場合は、底辺に三脚の脚が見えてしまいます。映したくない場合は企業ロゴ画像などで隠します。「1280×1280」程度の大きさをめどに、**正円のロゴ画像を用意します**。正円であれば、Premiere Proのシェイプで作成したロゴでもOKです。

[VR平面として投影] エフェクトをロゴクリップに適用し、[投影を回転] の [投影チルト（X軸）] を「90.0°」に設定❶します。

VR表示にすると、三脚部分をロゴで隠せていることがわかります。

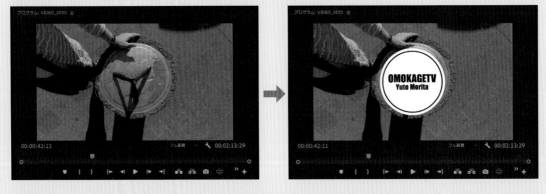

文字やロゴが不要で三脚を隠すだけの場合は長方形ツールでプログラムモニターの下部にシェイプまたはカラーマットを敷くことでエフェクトを適用せずに、三脚を隠せます。

VR動画のトランジション

VR専用のトランジションを追加しよう

Premiere Proには、360度動画専用のトランジションが用意されています。ここでは［VRアイリスワイプ］の適用方法を見ていきましょう。

VRトランジションの設定

1 ［エフェクト］パネルで［ビデオトランジション］**❶**－［イマーシブビデオ］**❷**の順にクリックし、［VRアイリスワイプ］を動画クリップ間にドラッグ**❸**して適用します。

2 必要に応じてトランジションの端をドラッグ**❹**することで、トランジションの長さを変更できます。このとき、タイムラインを拡大すると作業しやすくなります。

3 トランジションを選択します。［エフェクトコントロール］タブで細かな調整が行えます。［VRアイリスワイプ］の［ぼかし］の数値を下げる**❺**ことで、ワイプの境界をくっきりさせられます。

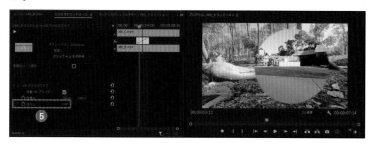

4 ［VRアイリスワイプ］トランジションでは、ワープする穴のような演出を加えられます。

VRトランジションを設定すると、PCディスプレイやスマホなど、360度動画を平面で見るときには、効果はあまり感じられないかもしれませんが、VRヘッドマウントディスプレイで視聴しているときに没入感が増します。用途に応じて適用しましょう。

360°動画の正面調整

1 360度動画での正面調整を行います。平面展開時の中央が、360度動画の正面（映像のスタート画面）になります。

2 正面を変更するには［VR回転（球）］
エフェクトを使います。レッスン8
を参考に、正面調整したい動画ク
リップにドラッグ❶します。

3 ［VR表示］をオフにして調整します。［エフェクトコントロール］タブの［VR回転（球）］をク
リック❷し、［パン（Y軸）］の数値を変更❸します。**平面展開されている映像の位置が変わりま
す。正面にしたい画を中心にしましょう。**

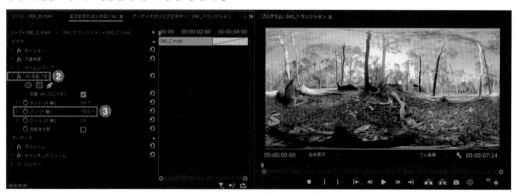

4 ［VR表示］をオンにすると、
変更した中心から360度動画
がスタートします。

VRトランジションも正面か
らスタートさせられます。
場面転換も考慮し、中心を
決めましょう。

VR動画の書き出し

VR動画を書き出そう

360度動画の書き出し方法を見ていきましょう。通常の動画書き出しと同様、[書き出し]モードで操作を進められます。

VR/360度動画の書き出し

1 360度動画を編集したシーケンスがプログラムモニターに表示されている状態で[書き出し]モードに変更**1**します。製品版の場合は[書き出し]モードがないため、メニューバーの[ファイル]から[書き出し]を選択します。

2 書き出し形式を決めます。[プリセット]を[ソースの一致 高速ビットレート]、[形式]を[H.264]に設定**2**します。[ビデオ]タブー[その他]の順にクリック**3**します。

3 ［ビデオ］タブを下へスクロールすると、
［VR ビデオ］の書き出し設定を確認でき
ます。［VRビデオとして処理］が有効**④**、
［フレームレイアウト］が［平面視］**⑤**に
なっていることを確認します。

4 設定が完了したら［書き出し］をクリック
⑥し、360度動画を書き出します。

5 書き出しデータをYouTubeなどにアップす
ると、360度動画を視聴できるようになり
ます。

ポイント

360度動画の編集は一見難しそうに思えま
すが、VR表示のオンとオフと、［VR 平面
として投影］と［VR回転（球）］の2つの
エフェクトさえ習得できれば、それなり
の動画を作ることができます。ぜひご自
身で撮影した360度動画で、面白い映像を
作ってみてください。

COLUMN　未経験で映像制作会社に入ったときの話

この本を手に取っていただいた方の中には、動画クリエイターを志す方もいることでしょうから、少しでも参考になればと思い、私が未経験で映像制作会社に入ったときの経験談をお伝えします。

当時、趣味程度に動画編集を行っていましたが、プロになりたい思いから、思い切って未経験者として入社を決めました。2〜3人の少数精鋭部隊だったため、動画制作に関することは何でもやりました。メインは編集マンでしたが、ADのような仕事も経験しました。

撮影前にはプロジェクト開始の打ち合わせから、ロケハンの準備、レンタカーや撮影機材の手配、ロケ現場の寺社や警察署へ道路使用許可書の申請、モデル・役者さんへの食事の買い出しなど。撮影当日も、進行スケジュール管理、各アシスタント業務、撮影現場での渉外などなど、さまざまな経験を積みました。

そんなこんなで撮影が終わると、やっと本領発揮です。Premiere ProとAfter Effectsを駆使して、絵コンテ通りに制作したり、おまかせで作成したり、多くの動画を制作しました。

納品になれば、MAスタジオに行き、ナレーションと映像合わせに立ち会って、完パケを作ったり、テープ納品の場合は、クライアントまで直接渡しにいったりと、制作に関わる全ての仕事に自分が関わるという、今では貴重な経験をさせてもらいました。動画編集のスキルは独学で学び、先輩の編集を見て実践を繰り返し、失敗をたくさんしながら身につけていきました。

スタッフの少なさが逆に私にとっていい環境で、クリエイターになりたてのうちに、いろいろなジャンルの動画編集に加えて、営業から制作まで幅広く携われたことで、独立する術をひと通り学べました。

もちろん独立後も苦難の連続ではありましたが、これまで培ってきた根性と気合、そして、Industrial Light & Magicのような会社を作る夢！　これらを軸に今の僕にいたります。

右も左も分からない僕を受け入れてくれた制作会社の社長には、心から感謝しています。これから動画クリエイターを目指す皆さんにも、よい出会いがあることを心から願っています。

第 **9** 章

動画制作内製化に役立つテクニック

動画を内製する場合、本業の合間に動画を作らなくてはならないケースが多々あります。そうした場合は、いかに作業を効率化できるかが重要になってきます。ここでは、Premiere Proの数ある機能の中でも、特に効率化に役立つものを厳選して解説していきます。

1 色味の異なる映像を自動で合わせよう ——— 266

2 同時撮影した素材をまとめて編集しよう ——— 269

3 自動で画角をSNSに最適化しよう ——— 278

4 4K動画の編集を軽くしよう ——— 285

5 BGMと音声のバランスを自動調整しよう ——— 290

6 面倒な文字起こしを自動化しよう ——— 294

レッスン

01

カラーマッチ
_1.mp4／カラー
マッチ_2.mp4／
S9_L1.prproj

カラーマッチ

色味の異なる映像を
自動で合わせよう

色味の異なるクリップは、[カラーマッチ]という機能で自動的に色味をそ
ろえられます。色調補正にかかる時間を短縮できる便利な機能です。

⫿ カラーマッチを使ってみよう

1 「カラーマッチ_1」と「カラーマッ
チ_2」の2つのサンプルファイルを
使って、色味を合わせていきます。

2 2つのクリップをタイムラインへ並
べます❶。[カラー]ワークスペー
スに切り替えるか、メニューバー
の[ウィンドウ]から[Lumetri カ
ラー]パネルを表示して[カラー
ホイールとカラーマッチ]をクリッ
ク❷します。

2つの動画は色合いが異なります。「カラーマッチ_2」を「カラーマッチ_1」の色合いに合わ
せていきます。

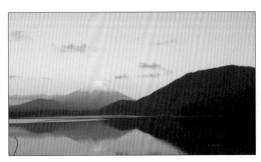

カラーマッチ_1

カラーマッチ_2

266

3　［カラーホイールとカラーマッチ］
❸－［比較表示］❹の順にクリックすると、プログラムモニターに2つの映像が左右に表示されます。

4　再生ヘッドをドラッグ❺して、カラーマッチを行いたいクリップに合わせると、右側の映像がそのクリップに切り替わります。人物がメインの映像ではない場合、［顔検出］を無効❻にしておきます。

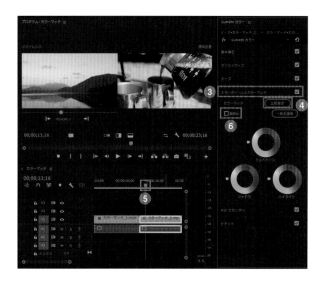

5　［比較表示］の左側にはシーケンスの動画が表示されます。こちらは［リファレンス］❼、つまりカラー補正の参照元となる映像を映しています。すぐ下のスライドバーを動かすか、［前の編集に移動］［次の編集に移動］をクリック❽することで、カラー補正の元にするクリップを変更できます。

［比較表示］の右側にはカラーマッチを適用する動画が表示されます。こちらは［現在位置］❾となり、リファレンスの映像を元にカラー補正が反映され、再生ヘッドをドラッグすることで、カラー補正を行いたいクリップを選択できます。

もう一度［比較表示］を押すと、標準のモニターに戻ります。

6 ［カラーホイールとカラーマッチ］ ⑩ー ［一致を適用］ ⑪の順にクリックします。［リファレン
ス］側の映像を元に、［現在位置］側の映像の色味が変わりました。カラーマッチを使うこと
で自動で色味を合わせられます。

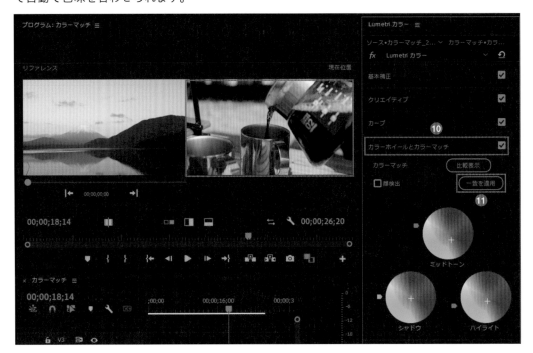

02

カメラ_A.mp4／
カメラ_B.mp4／
S9_L2.prproj

マルチカメラ編集

同時撮影した素材を
まとめて編集しよう

2台以上のカメラで同時撮影した映像と音声を同期し、映像を切り替えて
編集することを「マルチカメラ編集」と言います。数台のカメラで撮影した
イベント動画や、インタビュー動画の編集に役立ちます。

マルチカメラ編集の準備を行う

1 スイッチング（映像切り替え）編集に必要なシーケンスクリップを作成します。［プロジェクト］
パネルから同期させたい動画素材を Ctrl キー（Macの場合は ⌘ キー）を押しながら複数選択し、
右クリックして表示されるメニューで ［マルチカメラソースシーケンスを作成］ をクリック❶
します。複数のクリップをひとつにし、スイッチング編集ができる特殊なクリップを作成できま
す。右クリックメニューの ［マルチカメラソースシーケンスを作成］ は、複数クリップが選
択されていないと表示されません。

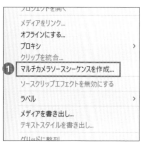

マルチカメラソースシーケンスの設定をする

1 [マルチカメラソースシーケンスを作成]の画面が表示されました。[カスタム] ❶にすることで、クリップ名が変更できます。ここでは「マルチカメラ編集」と入力❷します。

2 [同期ポイント]は[オーディオ] ❸を選択します。

3 [ソースクリップを処理済みのクリップビンに移動]を有効にすると、ビン（フォルダー）が作成され、元動画素材がまとめられます。ここでは、すでに素材用フォルダーがあるので無効❹にします。

4 [シーケンス設定]を[すべてのカメラ]にすると、マルチカメラシーケンスすべてにオーディオが表示されます。ここでは、ひとつの音声のみ使用するため[カメラ1]を選択❺します。

5 [OK]をクリック❻すると、同期が開始され、自動でクリップのタイミングを合わせる処理が行われます。元動画素材の容量が大きいほど、処理に時間がかかります。

ポイント

マルチカメラ編集を行えるのは、音声を含めて同時撮影された動画素材に限ります。同期ポイントを[オーディオ]に設定すると、複数の動画素材のオーディオ波形を元にタイミングを合わせて同期されます。

タイムラインに表示する

1 ［マルチカメラ編集］クリップを右クリックして表示されるメニューで［タイムラインで開く］をクリック❶します。マルチカメラトラックの中を、タイムライン上で確認できます。2つのクリップが「VI」と「V2」に配置されています。オーディオ波形を元にタイミングが合っていることがわかります。「A2」の音声がミュートになっていますが、［ミュート］をクリック❷して切り替えることで、使用する音声を選択できます。

2 タイムラインで確認ができたら、次ページでスイッチング編集用のマルチカメラシーケンスを新たに作成します。

テクニック

音声を手動で合わせるには

マルチカメラシーケンス作成時、音声がズレている場合は調整しましょう。Alt キー（Macの場合は option キー）を押しながら ← キーと → キーを押すことで、1フレームずつクリップを移動できます。オーディオ波形の山が合うように調整しましょう。撮影時の音声品質やノイズによって、波形が異なる場合があります。

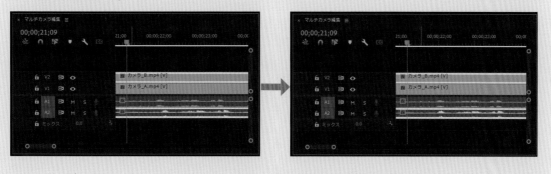

スイッチング編集用のシーケンスを作成する

1 マルチカメラソースシーケンス設定で作成した［マルチカメラ編集］クリップを右クリックして、表示されるメニューで［クリップに最適な新規シーケンス］をクリック❶します。
2つの動画素材がひとつのクリップにまとめられて配置されます。

テクニック

マルチカメラシーケンスのすべてのオーディオトラックを表示するには

［マルチカメラソースシーケンスを作成］の設定時、オーディオ：シーケンス設定を［すべてのカメラ］にすると、マルチカメラシーケンスにも同期した動画素材すべてのオーディオトラックが表示されます。好みによって設定は変わりますが全体修正がしやすい［カメラ1］など、一つのオーディオを表示する設定をおすすめします。

プログラムモニターの表示を切り替える

1 プログラムモニターの［設定］をクリックして、表示されるメニューで［マルチカメラ］をクリック**①**します。

2 プログラムモニターがマルチカメラ専用の表示に切り替わりました。画面の左側には、各クリップの映像が表示され、選択されている映像に黄色い枠が付きます**②**。右側には、選択されているクリップの映像が表示され、メインプレビュー映像となります。

マルチカメラモニターにならないときは

もしもマルチカメラモニターにならない場合は、[マルチカメラ編集] クリップを右クリックし、マルチカメラを有効にしてください。

クリップを統合...
ネスト...
サブシーケンスを作成
マルチカメラ　　　　　　　　　　　　　　　　　>　✓　有効
　　　　　　　　　　　　　　　　　　　　　　　　　　　統合
ラベル　　　　　　　　　　　　　　　　　　　　>
　　　　　　　　　　　　　　　　　　　✓　カメラ 1
速度・デュレーション...　　　　　　　　　　　　　　カメラ 2
シーン編集の検出...

3 これでマルチカメラ編集の準備は完了です。マルチカメラモニターは、ひとつの画面に多くの要素が表示されるため、必要に応じてプログラムモニターの端をドラッグ❸してワークスペースを広げて、編集を行いやすくしましょう。

不要な部分はカットしておく

カット編集が必要な場合は、マルチカメラシーケンスのタイムラインで不要な部分をカットしておくと、編集効率が上がります。この時、映像だけでなく音声も同時にカット削除しておきましょう。カット削除後でも、次に行うスイッチング編集を行えます。

スイッチング編集を行う

1 スイッチング編集はリアルタイムで行います。クリップを再生❶しながら、プログラムモニター左側の各クリップ映像をクリック❷すると、赤い枠がつき、メインプレビュー映像がクリックした映像に変わります❸。任意の時間まで再生し、映像を切り替えたいタイミングで、各カメラ映像をクリックしてスイッチングしていきます。

2 再生を停止すると、タイムラインのクリップがスイッチングしたタイミングで分割❹されます。

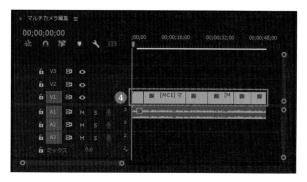

3 再生ヘッドを最初に戻すか、途中からもう一度再生してスイッチング編集をやり直すと、タイムラインのクリップが上書き❺されます。

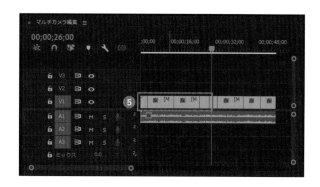

4 プログラムモニターの［設定］をクリックして、表示されるメニューで［コンポジットビデオ］をクリックすること❻で、元のモニターに戻せます。

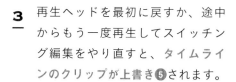
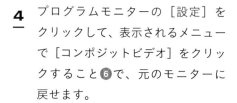

スイッチングされたクリップを別カメラの映像に差し替える

1 差し替えたいクリップをダブルクリック❶し、ソースモニターから切り替えるカメラをクリック❷します。

2 タイムラインのクリップが切り替わりました❸。このように、後からでも映像を変更していくことができるため、修正も簡単に行えます。

スイッチングのタイミングを調整する

1 スイッチングで分割されたクリップは、編集点を変えることで全体の尺を維持した状態でタイミングを調整できます。[ツール]パネルで[ローリングツール]を選択❶します。

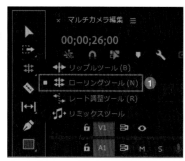

2 調整したいクリップの編集点にマウスポインターを合わせて、右へドラッグ❷します。選択ツールなどほかのツールの状態でも Ctrl キー（Macの場合は ⌘ キー）を押しながらドラッグすると、ローリングツールの操作になります。

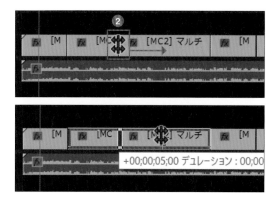

3 タイムラインの尺を維持した状態で、各クリップのタイミングを調整できます。

4 スイッチング編集が終わったら、プログラムモニターの[設定]から[コンポジットビデオ]に戻し、インサート動画を並べたり字幕テロップを追加したりして、一本の動画を作成できます。

5 [マルチカメラソースシーケンスを作成]を活用することで、各動画素材の音声を同期し、自動でタイミングを合わせてひとつのクリップにまとめるスイッチング編集ができます。複数のカメラで撮影した動画を編集する際に省力化できる、とても便利な機能になります。

レッスン
03

S9_03.mp4／
S9_L3.prproj

オートリフレーム

自動で画角をSNSに
最適化しよう

オートリフレームとは、正方形、縦長などさまざまなサイズになるよう、縦横比を自動的に変更してくれる機能です。AIが被写体を検知し、常に中心に見えるように追従しつつリサイズできます。

個別のクリップにオートリフレームを適用する

自転車が右から左へ移動している映像のフレームサイズを変更し、被写体が常に中心になるようにオートリフレームを適用します。

縦長用のシーケンスを作成する

1 メニューバーで［ファイル］をクリック❶し、［新規］にマウスポインターを合わせて❷［シーケンス］をクリック❸し、新規シーケンスを作成します。

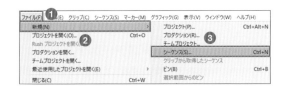

2 クリック後に表示される［新規シーケンス］の［設定］タブをクリックして、右のように設定して［OK］をクリックします。

シーケンス名は任意のものをつけられます。ここでは縦長用と入れています。

編集モード：カスタム
タイムベース：29.97
フレームサイズ：横1080、縦1920
ピクセル縦横比：正方形ピクセル（1.0）
フィールド：なし
シーケンス名：縦長用（任意）

3 スマホ画面と同じような縦長の
シーケンスが作成されました。

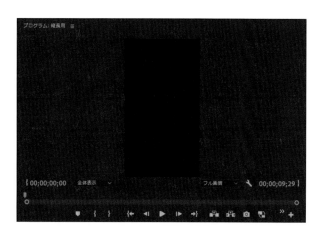

4 [プロジェクト] パネルから動画素材をタイムラインへドラッグ❹して配置します。

5 [クリップの不一致に関する警告] ウィンドウが表示されたら [現在の設定を維持] をクリック❺します。配置する動画素材の規格が一致していないときに表示されます。今回は縦長用に合わせるため、設定は維持した状態で行います。

［オートリフレーム］を適用する

1 ［エフェクト］パネルで［ビデオエフェクト］①—［トランスフォーム］②の順にクリックし、
［オートリフレーム］を動画クリップにドラッグ③して適用します。［オートリフレーム］を適
用すると、分析が開始され、**フレームサイズが9:16に合うように自動的にリサイズ**されます。

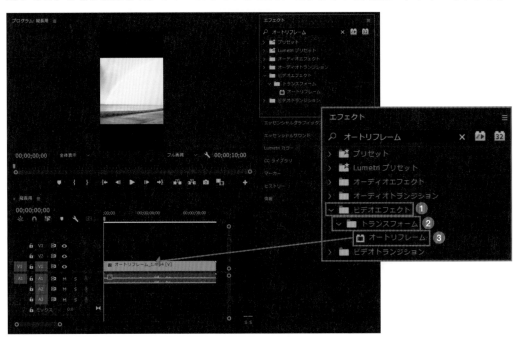

2 ［エフェクトコントロール］タブでオートリフレームの設定を確認します。オートリフレーム
を適用すると、［モーション］が無効④になります。［生成したパスを上書きする］を有効⑤に
すると、自動生成されたキーフレームが表示されます。［位置を調整する］のキーフレーム数
値を変更したり一部削除したりすることで、表示位置を微調整できます。

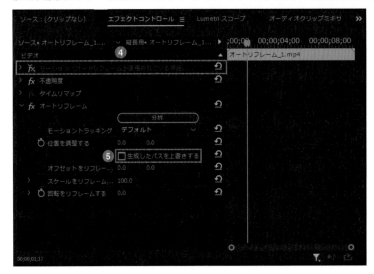

3 ［モーショントラッキング］には、以下の
3種類があります。映像の内容によって使
い分けます。

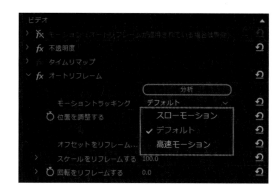

●［モーショントラッキング］の設定項目

設定	説明
スローモーション	三脚固定を使った撮影やインタビューなど、手ブレが非常に少ない、または全くない場合に適しています。動画自体は静的なものになり、クリップのキーフレームは少なくなります。
デフォルト	ほとんどのコンテンツに適しています。カメラや被写体の動きが速すぎると、適切に調整できない場合があります。
高速モーション	スポーツなど、映像の動きが激しい場合に適しています。移動した被写体が常にフレーム内にあることを確認する必要があります。

4 動画を再生すると、**自転車に乗った被写体が追従され、常に中央に表示されている**ことが確認
できます。［オートリフレーム］を適用するだけで、簡単に被写体追従とリサイズができます。

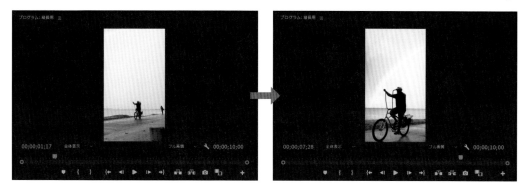

複数の動画やテロップにまとめてオートリフレームを適用する

1 すでに編集されているシーケンスにオートリフレームを適用していきます。なお、オートリフレーム機能は静止画には適用できません。

2 ［プロジェクト］パネルから、元のシーケンスを右クリックして表示されるメニューで［オートリフレームシーケンス］をクリック❶します。

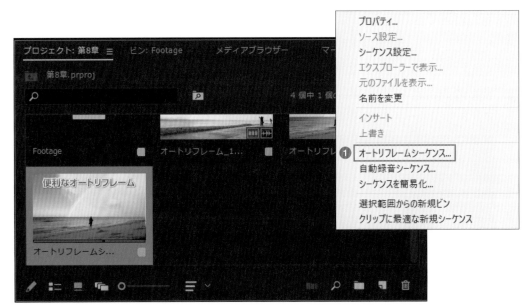

3 オートリフレームシーケンスの設定を行います。[ターゲットアスペクト比]には、リサイズしたい縦横比を選択します。ここでは[垂直方向 9:16]を選択❷します。

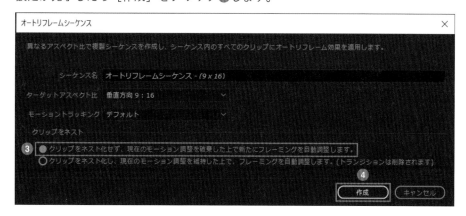

4 オートリフレームシーケンスを使うと、シーケンスにあるすべてのクリップに対してオートリフレーム処理を行います。すでに何らかのキーフレームを設定しているクリップやシーケンスに対して、キーフレームをどのように処理するのかを[クリップをネスト]の項目で設定します。ここでは、キーフレーム等のエフェクトを使用していないため、上の項目❸を選択します。設定が完了したら[作成]をクリック❹します。

5 16:9から9:16のシーケンスにリサイズされました。また、テロップも同時に9:16に合った形に変わりました**⑤**。このように、再生すると動画クリップだけでなくテロップもリサイズされています。もし被写体がズレている場合は、[エフェクトコントロール] タブで調整しましょう。

6 オートリフレームを行ったシーケンスの書き出しプリセットを [ソースの一致・高速ビットレート] にすることで、リサイズされた形で書き出せます。

> **ポイント**
>
> 多くのメディアでは16:9が主流ですが、デバイスの多様化により、さまざまなサイズで編集する機会が多くなりました。元々16:9で編集していても、[オートリフレーム] を活用すれば、再編集の手間を大幅に軽減できます。

テクニック

インスタグラム用のリサイズも簡単にできる

[ターゲットアスペクト比] で [正方形1:1] を選択すると、正方形にもオートリフレームさせることができます。インスタグラム用動画にも簡単にリサイズできます。

04

4K_sample.mp4

プロキシ作成

4K動画の編集を
軽くしよう

4K動画を編集する際、パソコンの性能が足りないと、動作が重たくなり編集がままならない場合があります。そんなときに役立つのがプロキシ作成です。ハイスペックなパソコンでなくても4K素材を編集できます。

プロキシ作成とは

重たいデータを軽量サイズに変換して代用することです。作業時はプロキシファイル、書き出し時はオリジナルの解像度、といったように使い分け、4Kなどの高解像度を扱う動画編集に適しています。**Adobe Media Encoder** が必須です。

プロキシファイルを作成する

1 プロキシファイルにしたい4K動画を複数選択します。右クリックして表示されるメニューで[プロキシ]にマウスポインターを合わせて❶[プロキシを作成]をクリック❷します。

2 ［プロキシを作成］の設定を行います。［形式］を［H.264］ **❸**、［プリセット］を［H.264 Low Resolution Proxy］**❹**に設定します。

3 ［参照］**❺**からプロキシファイルの保存先を指定します。わかりやすい場所を選ぶと良いでしょう。空き容量に余裕があるハードディスクに［プロキシフォルダー］を作成して、指定するのもおすすめです。

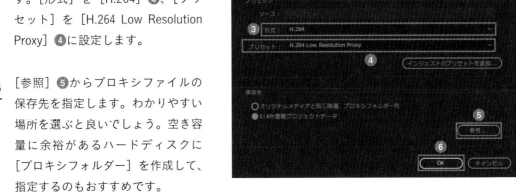

4 設定が完了したら、［OK］**❻**をクリックします。

5 Adobe Media Encoder が起動し、プロキシファイルの書き出しが行われます。

プロキシ作成動画の本数にもよりますが、**パソコンの性能によっては長い時間がかかります。**休憩時間や夜間など、パソコンを使わないときに行うといいでしょう。

6 プロキシファイルのファイル名は「元ファイル名_Proxy.mp4」になります。

- 4K_V 1 _Proxy.mp4
- 4K_V2_Proxy.mp4

7 Premiere Proに戻ります。プロキシ
作成した4K動画をタイムラインへ
並べます**7**。

8 プログラムモニターで元データか
らプロキシファイルに切り替えら
れます。プログラムモニターの右
下にある［ボタンエディター］**8**
をクリックし、［プロキシの切り替
え］をドラッグ**9**してモニター下
部のレイアウト内に配置します。

9 ［プロキシの切り替え］をクリック
すると有効になり、青く点灯しま
す**10**。この状態のときに、プロキ
シファイルを使用した編集が行え
ます。プロキシ作成前と比べると、
パソコンの動作が軽くなります。

ポイント

［プロキシの切り替え］が無効に
なっていると4Kデータで編集にな
ります。

プロキシファイルを確認する

1 Adobe Media Encoderでプロキシの書き出しが完了した後、どの動画でプロキシファイルが有効になっているかを確認できます。[プロジェクト] パネルの三本線❶をクリックし [メタデータの表示] をクリック❷します。

2 [メタデータの表示設定] で [Premiere Pro プロジェクトメタデータ] をクリック❸します。

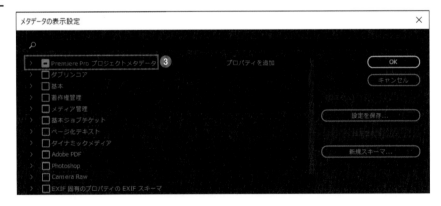

3 下へスクロールして [プロキシ] にチェックマークを入れて❹ [OK] をクリック❺します。

4 ［リスト表示］をクリック❻して、［プロジェクト］パネルの表示方法を切り替えます。

5 スクロールバーを右へ移動すると、［プロキシ］列があります。［追加］と表記されていればプロキシ作成が済んでいます❼。

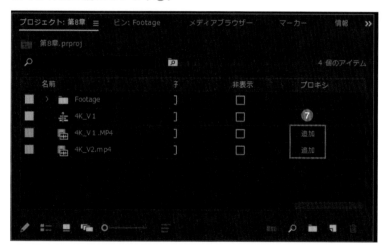

ポイント

プロキシ作成は、プロキシファイルへの変換書き出しに一番時間がかかります。しかし、一度プロキシを作成してしまえば、パソコンのスペックが足りなくても、4K動画など高解像度の動画素材を編集できます。動画編集には相応のスペックが必要ですが、環境も多種多様です。重たいデータを扱うときは、プロキシ作成を意識することで、作業効率化にもつながります。フルHD動画などでも同様にプロキシ作成が行えるため、カクついて作業にならない、といった場合はプロキシ作成をお試しください。

BGMと音声のバランスを自動調整しよう

オーディオダッキング

[エッセンシャルサウンド]パネルには、BGMを動画全体に配置しているときに会話中の音量を自動で下げて音声を聞き取りやすくさせる「オーディオダッキング」という機能があります。使い方を見ていきましょう。

オーディオダッキングを行ってみよう

インタビュー動画や説明動画など、音声をしっかり聞かせたい動画で、BGMが大きいと感じることがありませんか？ そんなときはオーディオダッキング機能が便利です。「ダッキング」とは、目立たせたい音のためにほかの音を小さく調整することです。この機能を利用すると、BGMと会話や音声が重なったとき、自動でBGMを小さくできます。

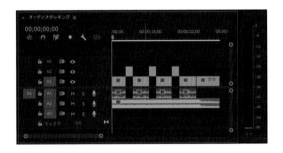

オーディオトラックの種類を指定する

1 第8章レッスン5を参考に、[エッセンシャルサウンド] パネルを表示します。動画クリップまたは音声クリップを選択❶し[エッセンシャルサウンド]−[会話]をクリック❷します。

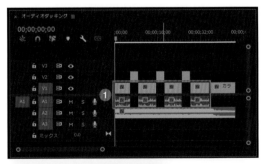

2 続いてBGMクリップを選択し［エッセンシャルサウンド］－［ミュージック］をクリック❸します。

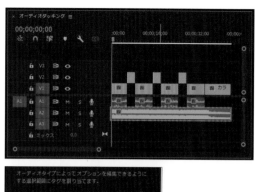

｜［エッセンシャルサウンド］パネルで設定を行う

1 ［プリセット］一覧から［バランスの取れたバックグラウンドミュージック］を選択❶します。［ダッキング］を有効化❷します。

2 オーディオダッキングの設定を行います。［ダッキングターゲット］を［会話］に指定❸します。［キーフレームを生成］をクリック❹します。

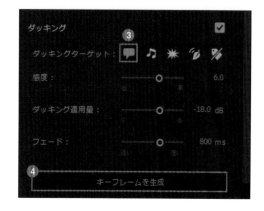

3 ［キーフレームを生成］が完了すると、タイムラインのBGMクリップにキーフレームが追加され、**音声波形がある部分のみBGMの音量が下がり、波形がない部分は音量が上がります**。

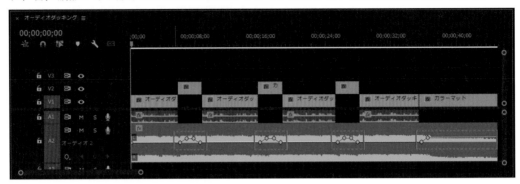

このようにオーディオダッキング機能を使うことで、波形をAIが分析し、自動的に音声とBGMのバランスを調整してくれます。クリップキーフレームで細かなキーフレーム調整を行うこともできます。

ダッキングの再調整

1 ダッキングは再調整できます。［ダッキング］の［感度］［ダッキング適用量］［フェード］の各数値を変更❶し、もう一度［キーフレームを生成］をクリック❷することで、最新の設定にキーフレームが上書きされます。

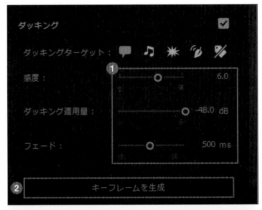

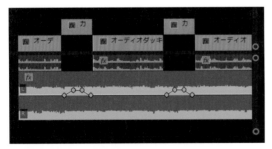

調整前

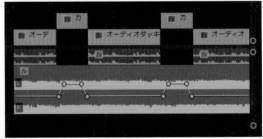

調整後

2 ダッキングの調整項目を以下に説明いたします。なお、キーフレームはあくまでイメージです。音声やBGMファイルによって、ダッキングの数値は変動します。

●感度
音声に対しての反応感度です。高くするほど精度が高くなり、無音箇所のみダッキングされます。低くするほど、音声が小さいところにも反応し、細かくダッキングされます。低くしすぎるとキーフレームがなくなります。

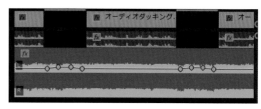
感度：3.7

●ダッキング適用量
BGM全体のダッキング音量調節を行います。多くするほどダッキング幅が大きくなり、少なくするほどダッキング幅が小さくなります。

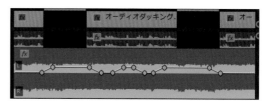
適用量：-6.0dB

●フェード
音量の大小によるフェード割合を表します。遅いほどフェードが長くなり、速いほどフェードが短くなります。

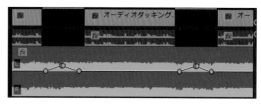
フェード：190ms

ポイント

BGMは動画全体を引き締める役割があるため使用する機会が多いですが、音声とBGMのバランスが悪いと返って動画の質が悪くなってしまいます。何度もお伝えしていますが、動画にとって、「音」はクオリティを左右する大事な要素なので、オーディオダッキングや［エッセンシャルサウンド］パネルを使いこなして高品質な動画を作っていきましょう。

テクニック

ダッキングのコツ

オーディオダッキングを行うと全体のBGM音量が小さくなることがあります。多くの場合は［ダッキング適用量］と［フェード］の調整で解決します。適用量を少なくすることでダッキング箇所との音量差を調整し、フェードでダッキングの始まりと終わりを調整します。それでもBGMが小さい場合は［クリップボリューム］でBGM全体の音量を調整しましょう。

06

自動文字起こ
し.mp4／S9_
L6.prproj

自動文字起こし

面倒な文字起こしを
自動化しよう

自動文字起こしは、音声をAIが分析して、自動的に文字に起こしてくれる
機能です。文字起こしは地味にたいへんな作業ですが、この機能を活用
すれば省力化が可能です。

自動文字起こし機能を使ってみよう

自動文字起こしは**クラウドに保存される**ため、**インターネット接続が必要**です。詳細について
はAdobe公式ページをご確認ください。

[キャプション]ワークスペースに
変更する

1 メニューバーで[ウィンドウ]をクリック
❶し、[ワークスペース]❷ー[キャプショ
ンとグラフィック]をクリック❸します。
または[テキスト]❹を有効にします。

2 [キャプションとグラフィック]ワークスペースにすると、[テキスト]パネル❺が追加されます。

3 [キャプション] タブの [シーケンスから文字起こし] をクリックすると、[自動文字起こし] の画面が表示されます。

3つのタブの役割を知ろう

● [文字起こし] タブ
自動文字起こし完了後、キャプション （字幕テキスト） が生成されて表示されます。

● [キャプション] タブ
自動文字起こし完了後、シーケンスの時間に沿ってテキストが表示され、キャプションクリップが作成できます。

● [グラフィック] タブ
ビデオトラックV2やV3などにグラフィック （テロップ/シェイプ） クリップを配置している場合に限り、時間に沿ってサムネイルと文字情報が表示されます。なお、Premiere Pro Beta v22の時点では、グラフィッククリップがない場合は何も表示されません。

自動文字起こしを実行する

1 [自動文字起こし] の画面では、自動文字起こしに関する設定を変更できます。それぞれどんな設定ができるのかを、以下の表にまとめています。基本的にオーディオ分析は [オーディオ1] にするといいでしょう❶。ここでは [日本語] を選択し❷、[文字起こし開始] ボタンをクリック❸しましょう。

●[自動文字起こし] の設定項目

項目	説明
オーディオ分析	[エッセンシャルサウンド] パネルで [会話] に設定されたオーディオクリップを文字起こしするか、特定のオーディオトラックからオーディオを文字起こしするかを選択します。初期設定では [ミックス] になっていますが [オーディオ1] など、音声が配置してあるオーディオトラックにすることで、文字起こしの精度が高くなります。
言語	動画の言語を選択できます。13言語に対応しています。「日本語を英語にする」といった翻訳機能ではないため、話し手の言語に合わせましょう。
インからアウトの間のみを文字起こし	インとアウトを指定しているときに、その範囲内で文字起こしをする設定です。
既存の文字起こしデータと結合	既存の文字起こしデータに自動文字起こしを挿入して結合させます。
異なる話し手が話しているときの認識にオプトインする	シーケンスまたは動画に複数人の音声がある場合に選択します。

2 ［文字起こし開始］をクリックすると、音声がテキストに変換されます。**シーケンスの長さによって処理速度は変わります。**パソコンのスペックにもよりますが、1時間程度のシーケンスを文字起こしする場合、30分程度かかる場合があるので、時間に余裕のあるときに行いましょう。

3 処理が完了すると［**文字起こし**］タブに動画で話している内容がテキストとして表示されます。タイムラインの再生ヘッドと連動しており、**再生ヘッドの位置のテキストに青いハイライト**❶が付きます。話し手の滑舌やノイズなどによって、文字起こしの精度は変わります。

この時点では、**音声がテキストに変換されただけの状態です。**次に［キャプション］タブでキャプションクリップ（以後「字幕クリップ」）を作成していきます。

音声テキスト変換された字幕クリップを作成する

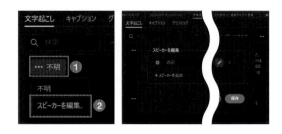

1 ［…不明］と表示されている部分をクリック❶し、［スピーカーを編集］をクリック❷します。話し手の人物名などを入力します。変更しなくても編集には影響ありません。

2 テキスト上をダブルクリック❸すると、誤字脱字を修正できます。Enter キーで改行もできます。後からでも修正は可能です。

3 確認できたら［キャプションの作成］をクリック❹します。

4 ［キャプションを作成］では、字幕クリップの設定ができます。［キャプションプリセット］と［形式］は初期設定のままで問題ありません。放送先に規定がある場合は、規格に合わせます。
［スタイル］ではエッセンシャルグラフィックスでスタイルを保存している場合、テロップデザインを選択できます。字幕作成後でも編集できるため、［なし］のままでOKです。
［線グラフ］では字幕を1行で表示する場合は［単一］、2行で表示する場合は［2倍］にします。こちらも後から編集可能です。確認できたら［作成］をクリック❺します。

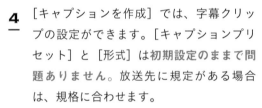

5 ［テキスト］パネルが［キャプション］タブ❻に切り替わり、話し手の発話タイミング（時間）
に沿ってテキストブロックが表示されます。

タイムラインには、文字起こし専用の［キャプショントラック］❼が追加され、プログラムモ
ニターには、文字起こしで生成されたテキストが字幕クリップとして表示❽されます。

キャプショントラックの字幕クリップは［キャプション］タブと連動しており、［CC］をクリッ
クすると、表示方法のオプションが選択できます。

このように、文字起こし機能では音声をテキストに変換し、話し手のタイミングに自動で合わ
せて字幕クリップを作成できます。

テキストブロックを結合させる

1 ［キャプション］タブでは、字幕クリップごとにテキストが区切られています。テキストブロッ
ク（区切り）を調整するには、調整したいテキストブロックを選択❶し、［キャプションを結合］
をクリック❷すると、ひとつ上のテキストブロックに結合されます❸。［キャプションを結合］
が表示されない場合は［テキスト］パネルを拡大しましょう。

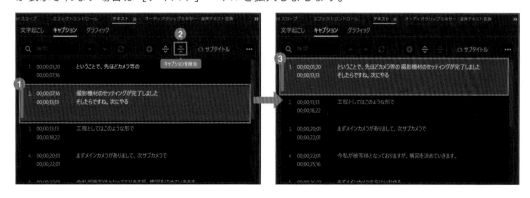

2 テキスト上をダブルクリックすると、テキストを修正できます。赤枠部分を下のテキストブロックにコピー＆ペーストします。

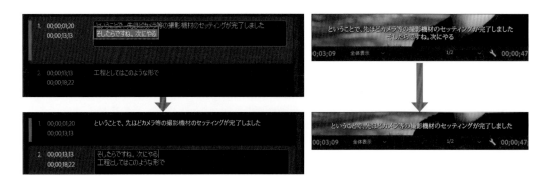

テキストブロックを分割する

1 ［キャプションを分割］ **1** をクリックすると、テキストブロックが2つに分割されます。テロップを増やしたいときに使えます。

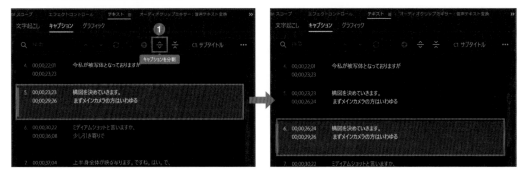

文字を置き換える

1 特定の文字を一括で変更することもできます。［検索］に変更する単語を入力**1**して［置き換え］をクリック**2**します。［次で置換］が表示されるので、変更したい文字を入力**3**します。［すべてを置換］をクリック**4**すると、キャプション内の同一の文字すべてが置き換わります。

テキストブロックを右クリックすると［テキストブロックを削除］を選択すると、削除できます。

テクニック

起こしたテキストを書き出すには

音声テキスト変換はデータとして書き出せます。タブによって書き出せるファイルは異なり、［文字起こしデータを書き出し］❶は拡張子「.prtranscript」で、［テキストファイルに書き出し］❷は拡張子「.txt」で書き出されます。校正やクライアント確認用などに使えます。

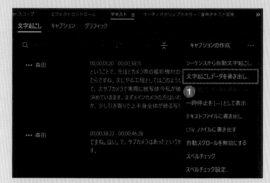

［文字起こし］タブ

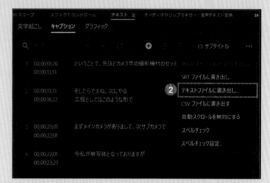

［キャプション］タブ

自動文字起こしのテロップデザインを変更する

1 字幕クリップのフォントデ
ザインなどは編集できます。
字幕クリップをひとつ選択
❶して、第4章レッスン2を
参考に、［エッセンシャルグ
ラフィックス］パネル❷か
ら好きなデザインに変更し
ましょう。

2 任意のテロップデザインに
変更したら、[トラックスタ
イル]の[なし]をクリッ
ク❸して[スタイルを作成]
を選択❹します。

3 [新規テキストスタイル]の
画面が表示されたら、[名前]
を入力して[OK]❺をク
リックしてスタイルを保存
します。[プロジェクト]パ
ネルにスタイルクリップと
して保存されます。

4 スタイルとして保存するこ
とで、**作成されたすべての
字幕クリップ**にデザインの
変更が反映できます。

自動文字起こし専用の動画編集アプリとしては「Vrew」が有名ですが、Premiere Proに実装されたことで、ひとつの動画編集ソフトで完結できるようになり、大幅な作業短縮につながりました。英語と比べると日本語の自動文字起こしはクオリティが低いとされてきましたが、AIの進化により、精度が高くなってきています。文字起こしはテロップをメインで作成する人にとって、救世主のような機能です。テロップ量産化の際はぜひご活用ください。

テクニック

字幕はタイムライン上でも編集できる

キャプションクリップ（字幕クリップ）はタイムライン上でカット編集できます。動画クリップも一緒にカットする際は、[Shift]キーを押しながらレーザーツールでカットしましょう。なお、[横書き文字ツール][縦書き文字ツール]で作成したテキストクリップとは異なり、文字起こしで作成したキャプションクリップ（字幕クリップ）にはエフェクトを適用できません。将来のアップデートによりエフェクトの対応がされる可能性はありますが、現時点ではテロップのデザインは[エッセンシャルグラフィックス]パネル内で行いましょう。

独立したときの話

生意気ながらも独立志向が高かったこともあり、編集マンの経験を経て、映像クリエイターとUdemy講師を兼業してフリーランスになりました。

もともと、2013年あたりから「OMOKAGETV」としてYouTubeを投稿していました。このころはフリーターとして現場仕事をやっていたのですが、「将来はITに関わる仕事をしたい」と一念発起し、仕事のかたわら、iOSアプリ開発に挑戦して、自分が覚えるために、かんたんなアプリの作り方動画を投稿していました（のちに映像クリエイターに転身）。

しばらくときが経ち、映像制作会社に転職し生活をしていたころ、「Udemy」という会社から講師のお誘いを受けました。連絡を取り合っているうちに楽しくなってきて、「ぜひ挑戦させてください」とお願いし、Udemyで動画コース制作をはじめることになりました。

振り返ると、ここが人生のターニングポイントでした。

独立したての頃、すでにUdemyコースを公開していましたが、収益は「ちょっと豪華な焼き肉が食える」ほどでした。横のつながりで、動画制作の仕事をいただき、モーショングラフィックス動画をよく作っていたときに「このスキルはきっと誰かの役に立てるのではないか」と感じ、Premiere ProとAfter Effectsの動画コースをUdemyで出しました。

すると、これがヒット！

正直Udemyでは、収益を得るというより、どこまで自分が通用するのか挑戦する気持ちの方が強かったので、あまり額は気にしていませんでした。しかし、これが個人的にびっくりするくらいの売上になりました。

日に日に増える受講生を見て、責任感が出てきて「Udemyを主な仕事にできるくらい頑張ろう！」と思い、これまでの経験を元に、動画コースを作り続けました。

そして、現在の受講者数は3万人を超えました。まさか自分が動画制作の書籍を執筆する日が来ることは夢にも思いませんでした。

あのときYouTubeで動画を投稿していなければ、このご縁はありませんでした。個の時代と言われますが、動画で発信をすることの大事さと可能性をこの身を持って感じます。皆さんもぜひ、動画の持つ力を、仕事や夢に生かしていただけたら幸いです。

第 10 章

いざというときの
トラブル対策

さまざまな要因で不具合が起きたり、エラーが発生することがありますが、意図しない挙動になったときは焦らず原因を確かめていきましょう。Premiere Pro初心者の方からのご質問が多い内容をお伝えします。

1	動画素材がタイムラインにドラッグできない!	306
2	Premiere Proのショートカットキーがわからない!	308
3	ワークスペースの表示がおかしい!	310
4	映像が表示されず、モニターが赤くなった!	312
5	波形が表示されず、音が出ない!	314
6	動作が重たくなった!	315
7	動作がおかしくなった!	316

ソースパッチ

動画素材がタイムラインにドラッグできない!

クリップが正常に配置できない原因は、ほとんどの場合タイムラインの設定によるものです。対処法を確認していきましょう。

‖「ソースパッチ」とは

動画ファイルを[プロジェクト]パネルに読み込むと、タイムラインの一番左側に「VI」と「AI」が表示されます。これは「ソースパッチ」というもので、「V1」は映像、「A1」はオーディオを意味します。ソースパッチ❶のどちらかが無効になっていると、動画または音声をタイムラインへ配置できません。パッチが「有効」になっていると青く点灯し、クリックで有効と無効を切り替えられます。ソースのパッチはトラックターゲット❷と混同しやすいので、基本を抑えておきましょう。

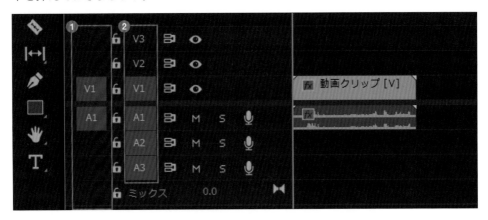

ポイント

トラックターゲットは主にクリップをコピー＆ペーストするときに、ペースト先を指定する役割を果たします。これに対してソースパッチは、[プロジェクト]パネルまたはソースパネルからのクリップ配置先を指定するものです。

ソースパッチの挙動

1 ソースパッチ「VI」が無効の場合**❶**は、動画ファイルをビデオトラックへドラッグしても配置できません。

2 ソースパッチ「VI」が無効**❷**で「AI」が有効**❸**な場合は、クリップの音声のみ、オーディオトラックに配置されます。

3 ソースパッチ「VI」と「AI」の両方が無効または有効になっている場合**❹**は、映像と音声が一緒に配置されます。

4 トラックターゲットの「V2」に「VI」、「A2」に「AI」のソースパッチが表示されているとき、[ソースモニター] パネルで [インサート] をクリック**❺**すると、映像とオーディオが有効になっているソースパッチに配置されます。

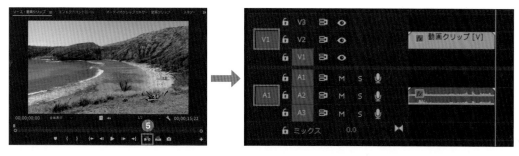

動画素材がタイムラインに配置できないときは、焦らずにソースパッチの状態を確認しましょう。基本的には「V1」と「A1」の両方が有効になっていれば問題ありません。

レッスン 02

Premiere Proのショートカットキーがわからない!

ショートカットキーは編集作業の効率化に役立つ重要な要素です。どのキーにどんな機能が割り当てられているかは、Premiere Pro上ですぐに確認できます。

キーボードショートカットキーの確認

本書でもよく使うショートカットを解説しましたが、すべてのショートカットキーは、Premiere Pro上ですぐに確認できます。また、割り当ての変更も簡単にできます。

1 メニューバーの［編集］にある［キーボードショートカット］をクリック❶すると、［キーボードショートカット］の画面が表示され、キーを確認できます。下の画面はWindowsのもので、Macの場合キー配列が異なります。

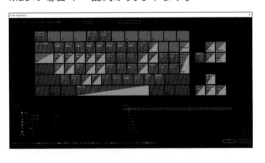

●キーの色の意味

色	意味
グレー	ショートカットの割り当て無し
紫	アプリケーション全体で使用するショートカット
緑	パネルやタブで固有のショートカット（例：［エフェクトコントロール］タブなど）
紫と緑	アプリケーション／パネルの両方に割り当てられている状態

キー割り当ての変更

1 ここでは、リップル削除のショートカットキーを
変更します。[キーボードショートカット]ウィ
ンドウの左側中段にある検索窓に「リップル」と
入力①します。[編集]−[リップル削除]のショー
トカット欄の[×]をクリック②します。

2 ショートカットキーとして割り当てたいキーを入
力します。ここでは F2 を押して③ F2 キーに
変更します。ほかの操作にすでに割り当てられて
いるキーを押した場合は警告がでます。

3 [キーボードショートカット]ウィンドウを確認すると、 F2 キーが紫色になっている④ことが
わかります。また、[キーボードレイアウトプリセット]が[カスタム]⑤になります。画面
右下の[OK]をクリック⑥すると、変更が保存されます。ショートカットを変更する際は、プ
リセットが[Adobe Premiere Pro 初期設定]の状態で保存してしまうと、初期設定が上書き
されてしまいます。必ず[カスタム]になっていることを確認してから保存しましょう。

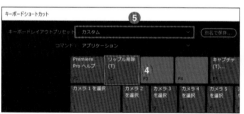

4 F2 キーでリップル削除が行えるようになりました。

テクニック

初期設定に戻すには

[キーボードショートカット]ウィンドウで
[キーボードレイアウトプリセット]を[Adobe
Premiere Pro 初期設定]に設定①して[OK]
をクリックします。

ワークスペースのリセット

ワークスペースの表示が
おかしい!

作業中に誤ってパネルを移動してしまった際は、ワークスペースを元に戻しましょう。すべてリセットする方法と、パネルの全画面表示を解除する方法の2通りのやり方を説明します。

ワークスペースのリセット

ワークスペースの各パネルは自由に配置を変更できます。変更してかえって使いづらくなってしまった場合など、初期状態に戻したいときは、ワークスペースをリセットします。

1 メニューバーの[ウィンドウ]-[ワークスペース]にある[保存したレイアウトにリセット]をクリック❶します。

ワークスペースが初期状態に戻りました。

全画面表示の終了

すべてのパネルはパネル名をダブルクリックすることで全画面表示にでき、もう一度ダブルクリックすることで元に戻せます。誤ってパネル名をダブルクリックして、全画面表示にしてしまった場合は、もう一度パネル名をダブルクリック❶しましょう。

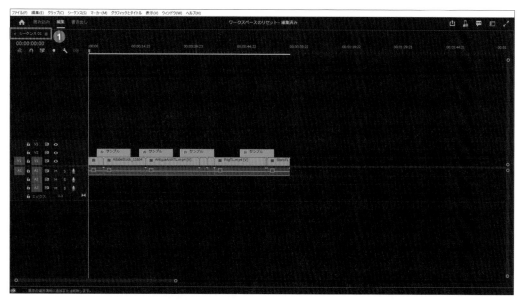

ワークスペースの表示が急におかしくなった、というときは、誤って全画面表示にしてしまったパターンが割と多いです。知っておくと、いざというときに慌てずに済みます。

メディアをリンク

映像が表示されず、モニターが赤くなった!

プログラムモニターが赤くなって、映像が表示されなくなった経験はないでしょうか。この現象は、元動画の場所が変わってしまった場合などに起こります。対処法を確認しましょう。

メディアオフラインの表示が出てしまう原因

Premiere Proを起動したときや、作業中にプログラムモニターが赤い画面になって「バグった!」と思ったことはありませんか?

Premiere Proに読み込んだ動画素材は、元動画素材ファイルがあるハードディスクとリンクしています。リンクが切れてしまうと、プログラムモニターには[メディアオフライン]と表示され、タイムラインに配置しているクリップも赤くなります。またプロジェクトパネルには「?」と書かれたアイコンが表示されます。

メディアを再リンクする

1 メディア(動画素材)を再リンクします。タイムラインから、リンクが切れているクリップを選択し、右クリックして表示されるメニューで[メディアをリンク]をクリック❶します。[プロジェクト]パネルの「?」からでも可能です。

2 ［メディアをリンク］の画面が表示され、
再リンクするファイルを確認できます。
［検索］をクリック**❷**します。

なお、［すべてオフライン］または［オフ
ライン］を選択すると、メディアオフライ
ンの状態のまま作業できます。

‖ エクスプローラーやFinderで探すには

［メディアブラウザーを使用してファイルを検索］のチェックをはずして検索すると、Windowsでは
エクスプローラー、MacではFinderからファイルを検索できます。

---

3 メディアブラウザーからリンク
するファイルを探します。**ファ
イル名を変更していない場合は**
［名前が完全に一致するものだ
けを表示］にチェックマークを
入れて**❸**［検索］をクリック**❹**
すれば、簡単に元ファイルを見
つけられます。**ファイル名を変
更している場合は、手探りで探
さなければならないため、見つ
けるのが難しくなります。**
Premiere Proで使用している動
画の**元ファイル名は変更しない**
ようにしましょう。

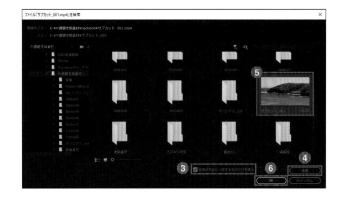

4 リンクするファイルをクリック**❺**し、［OK］をクリック**❻**することで、元ファイルとクリップ
が再リンクされて正常に表示されるようになります。

ポイント

メディアオフラインの原因はいくつかの要因がありますが、**元ファイルの場所を移動した場合
に発生することが多いです。**使用する動画素材は、Premiere Proに読み込む前にひとつのフォル
ダーにまとめておくことで、リンクが切れてしまっても手間なく再リンクができます。**元ファ
イルがパソコンから削除されてしまっている場合は再リンクができないため、注意しましょう。**

メディアキャッシュの削除

波形が表示されず、音が出ない!

音声の波形が表示されず、音が出ないときは、キャッシュファイルに不具合が生じている可能性があります。このような場合は、未使用のキャッシュファイルを削除すれば直ります。

音声波形が正常に表示されない原因

音声ファイルは、読み込んだ際に「.pek」というキャッシュファイルが自動生成されます。音声波形が表示されないのは、多くの場合、この「.pek」が正常に読み込まれていないなどの不具合が原因です。

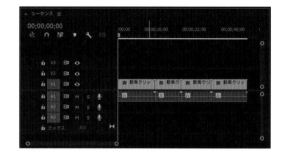

メディアキャッシュの削除

1 メニューバーで[編集]ー[環境設定]にある[メディアキャッシュ]をクリック❶します。

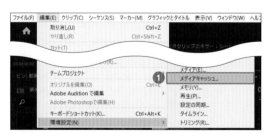

2 [メディアキャッシュファイル]の[削除]をクリック❷します。[未使用のメディアキャッシュファイルを削除]になっていることを確認して[OK]をクリック❸します。

3 音声と映像、両方の未使用キャッシュファイルが削除されます。

Premiere Proを再起動することで、新たに音声ファイルキャッシュが生成され、音声波形が表示されます。

キャッシュの手動削除

動作が重たくなった!

パソコンまたは外付けハードディスクに保存されるキャッシュの場所を確認し、手動でキャッシュを削除します。Premiere Proの機能で削除するよりも多くのファイルを削除できます。

キャッシュの保存場所の確認と削除

1　前レッスンを参考に［環境設定］の［メディアキャッシュファイル］を表示して保存先を確認しましょう。**保存先を外付けハードディスクにしているときに、ハードディスクをはずした状態で**Premiere Pro**を起動すると、キャッシュの保存先が自動的にローカルディスクに変更されます。**

2　ローカルディスクに保存されたキャッシュファイルを削除すると、動作を軽くできる場合があります。削除を行う前に、Premiere Proを終了しておきます。以下のパスにある［Common］フォルダーへアクセスします。［Media Cache］［Media Cache Files］［Peak Files］［PTX］の4つのフォルダーを開いて、**中身をすべて削除します。**［PTX］フォルダーがない場合は、無視してかまいません。

●Windowsの場合
C:/Users/＜ユーザー名＞/AppDate/Roaming/
Adobe/Common
●macOS の場合
ライブラリ/Application Support/Adobe/Common

Windows

macOS

3　Premiere Proを再度起動することで、**映像と音声のキャッシュファイルが再生成されます。**定期的にキャッシュのクリーンアップは行うといいでしょう。

ポイント

Windowsの［AppDate］やmacOSの［ライブラリ］フォルダーが見つからない場合は、隠しファイルの表示が無効になっている可能性があるので有効にしてから行いましょう。

環境設定ファイルの再作成

動作がおかしくなった!

Premiere Proを長く使っていると、予期せぬ動作をしたり、突然落ちたりする不具合を経験することがあります。調子がおかしいと思ったら、環境設定ファイルを再作成してみましょう。

環境設定の再構築

環境設定を初期化する前にAdobe公式ページでパソコンのスペックが要件を満たしていることを確認しましょう。アップデートにより、要件が変わることがあります。要件を満たしているのにPremiere Proの動作がおかしい場合は、環境設定を再作成してみましょう。**環境設定ファイルを再作成すると、アプリケーションのすべての設定が初期状態に戻ります。カスタムしたワークスペースなどが消えてしまうため、注意しましょう。**Premiere Proは終了した状態で行います。

環境設定ファイルの保存場所を開く

1 以下のパスにある［Profile］フォルダーを開きます。

●Windowsの場合
 C:\Users\＜ユーザー名＞\Documents\Adobe\Premiere Pro\＜バージョン＞\Profile-＜ユーザー名＞

●macOSの場合
書類/Adobe/Premiere Pro/＜バージョン＞/Profile-＜ユーザー名＞

2 「＜バージョン＞」の部分に入る文字列は、使用しているPremiere Proのバージョンによって異なります。バージョンとフォルダー名の関係は右の通りです。

Premiere Pro CC（2022）：22.0
Premiere Pro CC（2021）：15.0
Premiere Pro CC（2020）：14.0
Premiere Pro CC（2019）：13.0

古い環境設定ファイルの名前を変更する

1 [Profile] フォルダー内にある、[Adobe Premiere Pro Prefs] ファイルのファイル名を任意のものに変更❶します。ここでは「Adobe Premiere Pro Prefs_old」と変更します。

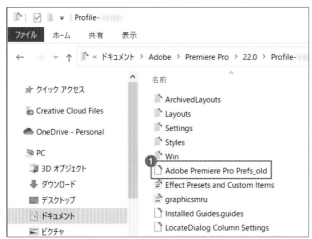
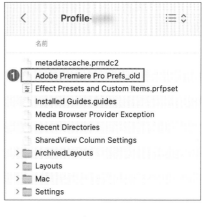

2 Premiere Proを起動すると、新しい環境設定ファイルが自動生成されて、名前を変更したものは適用されなくなります。この状態で正常に動作するか確認しましょう。

ポイント

Premiere Proの動作が不安定な場合は、まずは再起動してみましょう。それでも変わらない場合は、「メディアキャッシュ削除」→「環境設定の再作成」→「再インストール」または「バージョンのダウングレード」の順でお試しください。

テクニック

レンダラーの変更も有効

メニューバーから [ファイル]−[プロジェクト設定]−[一般] の順にクリックし、プロジェクト設定画面を表示します。動作が不安定な場合は、[ソフトウェア処理] または現在使用している別のレンダラーに変更することで、安定する場合があります。レンダラーはパソコンに搭載されているグラフィックボードにより表示が異なります。

索 引

英数字

4K	72, 75, 224
Adobe Creative Cloud	28
Adobe Fonts	85
Adobe Stock	159
Adobe Stockオーディオ	232
H.264	99
H.265	99
Lumetriスコープ	120
Media Encoder	100
Premiere Composer	236
Premiere Pro	14
VR動画	244
書き出し	262
三脚	258
テキストクリップ	244
トランジション	259
ボタン	247
ワイプ	254

あ行

アウト	38
アニメーション	128
アンカーポイント	156
イン	38
インサート	56
インストール	27
イントロ・アウトロ設定	146
[エッセンシャルグラフィックス]パネル	77, 192
[エッセンシャルサウンド]パネル	226
エフェクト	87
4色グラデーション	255
Ultraキー	181
VR回転（球）	252
VR平面として投影	250
オートリフレーム	280
基本3D	198
クロップ	173
垂直反転	180
水平反転	179
トラックマットキー	188
トランスフォーム	144, 210
ドロップシャドウ	196
塗りつぶし	212
ベベルアルファ	196
放射状シャドウ	190

モザイク	164
モノクロ	200
レンズフレア	87
ワープスタビライザー	170
[エフェクトコントロール]タブ	128
オーディオ	92
オーディオダッキング	290
オートリフレーム	278

か行

書き出しモード	97
画質	18
カット編集	70
角丸	118
カラーグレーディング	123
カラー補正	119
カラーマッチ	266
環境設定ファイル	316
キーフレーム	128
起動	30
基本3D	198
画像までの距離	199
鏡面ハイライト	199
スウィベル	199
チルト	199
逆再生	217
キャッシュ	41, 315
クイック書き出し	96
空間補間法	142
グラデーション	106
クリップ	52
クロマキー合成	181

さ行

再生ヘッド	38, 50
再リンク	312
サムネイル	216
サンプルファイル	29
シーケンス	32
シェイプ	114
時間補間法	136
イーズアウト	141
イーズイン	141
自動ベジェ	138
停止	140
ベジェ	136
リニア	135

連続ベジェ 139
自動文字起こし 294
シャドウ 110
終了 30
ショートカットキー 40, 308
スイッチング編集 269
ストップフレーム 214
ストローク 108, 211
スナップ 51
セーフマージン 104
ソースパッチ 306
[ソースモニター]パネル 36, 58
速度・デュレーション 217

た行

タイムコード 51
タイムライン 50
[タイムライン]パネル 37
タイムリマップ 221
調整レイヤー 169
ツール 60
　　ズームツール 66
　　スライドツール 64
　　スリップツール 63
　　選択ツール 60
　　楕円ツール 65
　　多角形ツール 66
　　縦書き文字ツール 67
　　長方形ツール 65
　　手のひらツール 66
　　トラック後方選択ツール 61
　　トラック前方選択ツール 60
　　ペンツール 64
　　横書き文字ツール 67
　　リップルツール 61
　　リミックスツール 62
　　レーザーツール 63
　　レート調整ツール 62
　　ローリングツール 61
[ツール]パネル 37, 60
テロップ 77, 104, 106
テンプレート 153
動作環境 16
トランジション 90
　　VRアイリスワイプ 259
　　Zoom In 240
　　クロスディゾルブ 90
　　コンスタントゲイン 93

リニアワイプ 177

な行

ネスト化 208

は行

ピクチャーインピクチャー 206
ビン 49
ファスト&スロー 217
プラグイン 236
フレーム保持 214
フレームレート 18
フレームを書き出し 216
プロキシ作成 285
プログラムモニター 38
[プログラムモニター]パネル 37
プロジェクト 31
[プロジェクト]パネル 37
ヘッダーバー 36
編集点 50
補間法 135
保存場所 26
ポップアップアニメーション 153

ま行

マスタースタイル 111
マルチカメラ編集 269
メディアキャッシュ 314
メディアファイル 44
メニューバー 35
モーショングラフィックステンプレート 114, 159
モーションブラー 144

ら行

リップル 53
レスポンシブデザイン 148
レンダラー 317
レンダリング 94
レンダリングバー 94

わ行

ワークスペース 33, 310

森田勇人　モリタ ユウト

映像クリエイター。動画学習プラットフォーム「Udemy」で「OMOKAGE TV」として講師を務める。高校卒業後、建築現場、電気工事、高層ビルガラス清掃の仕事に従事するかたわら、憧れであった映像クリエイターを目指して独学で映像を勉強し、映像制作ベンチャー企業に転職。実写映像、モーショングラフィックスを使った企業VPに携わり、その後フリーランスとして独立。さまざまな企業の動画広告制作を行い、2015年からUdemyを始める。Premiere ProやAfter Effectsを使った映像制作をゼロから学べる動画を発信。自身の経験を元に、次世代の動画デザインを模索し、初心者でも楽しく動画制作スキルを習得できるハウツー動画を配信するほか、Udemyの世界的なトップインストラクターであるPhil Ebiner氏の講座のローカライズ制作も担当。Udemyの総受講者数は3万人を超える。

Premiere Proではじめる
ビジネス動画制作入門

2022年1月24日　　第1版第1刷発行

著者	森田勇人
発行者	村上広樹
編集	進藤 寛
発行	日経BP
発売	日経BPマーケティング
	〒105-8308　東京都港区虎ノ門4-3-12
装丁・本文デザイン	小口翔平＋奈良岡菜摘＋後藤司(tobufune)
DTP制作	株式会社トップスタジオ
印刷・製本	図書印刷株式会社

ISBN978-4-296-07019-0
©Yuto Morita 2022
Printed in Japan